De l'inégalité biologique

David Guerlava

Ô Homme, de quelque contrée que tu sois, quelles que soient tes opinions, écoute ; voici ton histoire telle que j'ai cru la lire, non dans les livres de tes semblables qui sont menteurs, mais dans la nature qui ne ment jamais.

Discours sur l'inégalité, ROUSSEAU

INTRODUCTION

La théorie de la sélection naturelle est assez simple. Partant de l'idée malthusienne que les populations ont tendance à croître plus rapidement que les ressources, Darwin en déduit qu'il y a un mécanisme régulateur, la sélection : dans la nature les groupes ou les individus qui sont plus adaptés que les autres à leur milieu survivent et se reproduisent mieux, à plus ou moins long terme.

L'idée de sélection suppose trois conditions : 1. il y a une variabilité entre les groupes et/ou les individus. 2. cette variabilité procure un ou des avantages à certains. Et 3. cette meilleure adaptation est transmise de génération en génération.

L'apport principal de la théorie darwinienne c'est évidemment qu'elle suppose, et même qu'elle affirme l'idée d'une évolution des espèces, au grand dam des créationnistes, qui pensent que le monde du vivant a toujours été ce qu'il est, depuis la création divine. D'un certain point de vue, Darwin est en quelque sorte le Voltaire des sciences naturelles, qui écrase les infâmes préjugés de son temps, et ouvre la voie à de nouvelles découvertes, dans l'esprit de l'Encyclopédie et des Lumières du siècle précédent.

Le problème, c'est qu'il y a un revers à cette théorie. C'est tout à l'honneur de Darwin évidemment de dire que les espèces évoluent, puisqu'elles le font, mais il s'agit encore de dire vraiment *comment* elles évoluent. Et surtout comment l'homme a pu évoluer. Car le problème de la théorie darwinienne, c'est qu'elle apporte de l'eau au moulin de ceux qui se font les apôtres des systèmes les plus inégalitaires.

Attention, il ne s'agit pas ici de tomber dans une erreur grossière, et de faire de Darwin ce qu'il n'est pas. Il y a un ouvrage aujourd'hui, une compilation en quelque sorte de tout ce qui touche de près ou de loin à l'œuvre de Darwin, et qui montre clairement qu'on ne peut pas reprocher tout et n'importe quoi au père de la sélection naturelle. Dans son *Dictionnaire du darwinisme et de l'évolution*, Patrick Tort démontre en effet que Darwin n'est pas le père des dérives totalitaires et idéologiques qu'a connu le monde depuis la fin du XIXème siècle.

Mais qu'on le veuille ou non, Darwin reste la référence, en tout cas le pionnier des sciences naturelles modernes. Et l'homme n'étant pas simplement constitué d'un esprit, mais aussi d'un corps, et donc de gènes, quand on veut donner un sens ou une légitimité à ce qu'on pense de la société, on en vient nécessairement à se poser la question de savoir jusqu'à quel point la théorie darwinienne concerne l'homme.

De quoi s'agit-il donc précisément dans le présent ouvrage ? De partir de l'idée que la sélection naturelle est à la fois présente dans beaucoup d'esprits, et galvaudée, qu'elle n'a sans doute pas été critiquée et surtout exploitée comme elle méritait de l'être. Et que, de fait, une nouvelle approche s'impose.

Au début de l'ouvrage, nous prenons beaucoup de temps pour discuter de la validité des arguments de Darwin, en ayant bien sûr conscience qu'il en savait à l'époque beaucoup moins qu'aujourd'hui. Dans les deux premiers chapitres notamment, nous nous livrons à une critique assez osée de *L'origine des espèces,* en essayant de relever les contradictions qui nous semblent les plus significatives.

Le but de ces premiers chapitres est de planter

le décor, de familiariser le lecteur avec notre approche. Le chapitre 5 par exemple est très important, et éclaire d'un jour nouveau la question des rapports animaux.

Mais ce sont surtout les deux derniers chapitres qui constituent le cœur de l'ouvrage, ou plutôt son aboutissement, sa finalité. C'est là, si l'on excepte la conclusion, que notre approche de la théorie de l'évolution prend tout son sens.

1. La *lutte pour l'existence*

L'origine des espèces de Darwin est le monument des sciences naturelles. L'ouvrage, publié en 1859, compte plus de 500 pages et plusieurs éditions[1].

Dans cet ouvrage Darwin part de l'idée que la nature sélectionne les espèces, comme les agriculteurs le font depuis des millénaires, pour montrer ensuite que cette sélection permet une régulation et une évolution des populations.

Pour Darwin, les individus et les groupes se livrent à une *lutte pour l'existence*, pour survivre et se reproduire face aux éléments, aux autres espèces ou au sein de leur propre espèce. Cette lutte peut être directe (lors des combats) ou indirecte (face au climat, aux prédateurs et pour l'accès aux ressources), et permet selon Darwin une régulation des populations, par la sélection et la reproduction des plus aptes.

La question évidemment est de savoir jusqu'à quel point cette lutte s'exerce entre les individus ou les groupes *de la même espèce*. Entre un prédateur et sa proie par exemple, on ne parle pas d'inégalité biologique, mais de chaîne alimentaire. Ce que dit Darwin, c'est que la sélection et la lutte pour l'existence s'opèrent avant tout au sein d'une même espèce : la variabilité – l'inégalité biologique – serait suffisamment marquée au sein d'une même espèce, pour que certains soient sélectionnés et pas d'autres.

Or, ce qui frappe dès le chapitre 3, consacré justement à la lutte pour l'existence, c'est qu'il ne donne

---

[1] L'édition que nous retenons est celle de novembre 2008 dans la collection *Flammarion*

aucun exemple concret de concurrence entre deux groupes ou deux individus de la même espèce. Page 113 par exemple, il dit qu'il traitera de la question dans un futur ouvrage. Mais il ne le fait pas. Il dit qu'il n'y a *rien de plus difficile* – il *parle par expérience* – *que d'avoir toujours ce principe* [la lutte pour l'existence] *à l'esprit*. Et plus loin d'ajouter : *les causes qui font obstacle à la tendance naturelle à la multiplication de chaque espèce sont très obscures. Nous ne pourrions pas même, dans un cas donné, déterminer exactement quels sont les freins qui agissent.*

Par ailleurs, Darwin se contredit dans quelques passages, quand il dit que la lutte intraspécifique diminue quand la pression de sélection du milieu augmente. Pages 130-131 par exemple, en conclusion du chapitre 3 il écrit : *C'est seulement aux confins extrêmes de la vie, dans les régions arctiques ou sur les limites d'un désert absolu, que cesse la compétition.* Or, on ne voit pas comment la sélection, qui vient de l'hostilité d'un milieu (de la moins bonne adaptation de certains individus), pourrait diminuer avec l'aggravation de l'hostilité en question.

Autre contradiction : pour Darwin la sélection puise dans la variabilité, mais toujours d'après lui, la lutte augmenterait avec la proximité biologique, comme elle peut augmenter entre deux espèces proches biologiquement : plus les individus et les groupes seraient proches, plus ils se feraient concurrence. C'est paradoxal. Car si la sélection donne la direction de l'évolution, elle puise dans la variabilité, pas la proximité. Rappelons que les dinosaures ont été supplantés par des espèces très éloignées d'eux, les mammifères, et ne se sont pas éliminés entre eux. Du moins en l'état actuel des connaissances.

L'idée que plus le groupe serait récent, et moins il y aurait d'homogénéité, car la sélection n'aurait pas encore éliminé les moins adaptés est toute aussi fausse : si un groupe est récent, c'est justement parce que la sélection vient de faire son travail, et que le groupe est homogène (moins variable).

Enfin en insistant sur l'utilité de la concurrence vitale, Darwin amoindrit de fait l'importance de la variabilité. Or comme il l'écrit lui-même : *On a prouvé par l'expérience que, si on sème dans un carré de terrain une seule espèce de graminées, et dans un carré semblable plusieurs genres distincts de graminées, il lève dans ce second carré plus de plants, et on récolte un poids plus considérable d'herbages secs que dans le premier.*

C'est surprenant si l'on considère comme lui que la sélection est centrale et doit réguler les populations et gommer les variabilités. Plus de semis sur un même carré devrait logiquement augmenter la pression de sélection et donc la concurrence : après semis de plusieurs variétés le nombre de survivants devrait au mieux être égal à celui de la population initiale. Mais là la population est supérieure.

Pourtant Darwin dit la vérité quand il dit que la variabilité est source d'abondance. Comme le dit Roger Dajoz (2) : *Si, dans un élevage de* Drosophila melanogaster [des mouches] *dont l'effectif est stabilisé à 161,3 +/- 7, 3 individus, on ajoute un seul mâle ayant un génotype différent, cet élevage voit son effectif passer à 477,3 +/- 11,7 individus en 9 générations sans que la quantité de nourriture disponible soit modifiée*[2].

---
2 *Précis d'écologie*, R. DAJOZ (2006) page 170

Claude Henry note également que chez une espèce de phlox (une plante herbacée), les métis d'une variété autochtone et d'une variété introduite par l'homme (moins adaptée) ont une valeur sélective non pas intermédiaire entre les deux variétés, mais supérieure : ils sont mieux adaptés à leur milieu que leurs parents[3] (3).

La variabilité est donc source d'abondance. Il est préférable qu'une population soit variable. Jusqu'à ce que le milieu change : *La diversité génétique, qui est à l'origine des réponses évolutives et adaptatives des êtres vivants, est une assurance vis-à-vis des modifications du milieu*[4] (4).

---

3 *Biologie des populations animales et végétales*, C. HENRY (2001) page 238
4 DAJOZ précité page 175

2. La sélection discrète

Pour Darwin, *toute variation, si peu nuisible qu'elle soit à l'individu, entraîne forcément la disparition de celui-ci*. Et la *plus petite différence de structure ou de constitution peut suffire à faire pencher la balance dans la lutte pour l'existence et se perpétuer ainsi.*

En réalité, la frontière entre la notion d"inaptitude et d'aptitude est plus vague qu'il ne le suggère. Il existe de nombreux cas d'individus ou de groupes qui ont des habitudes « anormales ». Darwin lui-même cite notamment le cas du pic, qui est constitué pour grimper aux arbres et se nourrir d'insectes dans les fentes des écorces, alors que certains se nourrissent de fruits, d'autres d'insectes au vol et d'autres encore qui ne grimpent jamais aux arbres.

Il y a aussi le cas du pétrel, qui est normalement aérien, mais qui plonge et nage en Terre de Feu comme un pingouin. Même chose pour le merle d'eau. Certaines oies aux pieds palmés selon lui *n'approchent jamais de l'eau* ; les grèbes et les foulques – oiseaux aquatiques – n'ont *en fait de palmures qu'une légère membrane bordant les doigts* ; la poule d'eau et le râle des genêts ont des doigts dépourvus de membranes *faites pour marcher dans les marais et sur les végétaux flottants*, et la première est *aussi aquatique que la foulque, et le second presque aussi terrestre que la caille ou la perdrix.*

On est alors en droit de se poser une question : si la sélection est si inexorable et si efficace que çà, si l'équilibre des forces inégalitaire est si subtil et si fragile, pourquoi la déconnexion entre les gènes et le mode de vie est-elle parfois si forte ?

Le grand panda, par exemple, dispose d'un tractus intestinal de carnivore, et son régime est végétarien, à base de feuilles de bambous. Son *tube digestif n'est vraiment pas adapté à un régime végétarien aussi strict. Il n'assimile donc pas bien le bambou, digérant environ 17 % de la nourriture qu'il ingère, au lieu de 80 % comme un herbivore*[5]. Meme s'il dispose d'un "sixième doigt" pour saisir le bambou, il y a donc comme une déconnexion entre son patrimoine génétique et son mode de vie. Cette déconnexion n'est pas seulement neutre, comme pour les organes inutiles et rudimentaires, mais négative.

Normalement, ceux qui étaient pourvus d'un tractus plus végétarien, même très légèrement, auraient dû survivre et se reproduire mieux que les autres. Ils auraient dû transmettre et accumuler l'avantage au fil des générations. Mais non. Soit l'inégalité entre les pandas est trop faible, soit la sélection n'est pas assez efficace, mais dans les deux cas le grand panda n'a pas évolué comme il aurait dû.

Le cas du grand panda est révélateur, mais n'est pas le seul. On devrait s'attendre en effet à ce que la pression de sélection soit toujours si forte, à ce que l'équilibre soit toujours si fragile qu'un seul changement dans les conditions d'existence bouleverse l'écologie. Mais ça n'est pas le cas. Darwin le dit lui-même, puisqu'il écrit qu'au *Cap de Bonne espérance, où coexistent plus d'espèces de plantes qu'en aucune autre partie du monde, de nouvelles plantes ont été acclimatées sans provoquer, pour autant que nous le sachions, l'extinction de plantes indigènes.*

Évidemment, on dira que le cas de Bonne

---

[5] *www.larousse.fr/encyclopedie/vie-sauvage/grand_panda/178159*

Espérance et du grand panda, c'est l'exception qui confirme la règle. Et on pourra opposer d'autres exemples. D'une certaine manière, on n'aura pas tort, surtout dans le cas d'importations d'espèces par les hommes.

Mais on peut retourner l'argument : en général ces importations d'espèces n'ont pas l'effet que Darwin pouvait escompter. Souvent, les espèces qui sont confrontées à celles que l'homme importe sont totalement éliminées. Aucun individu ne survit mieux que les autres. La concurrence intraspécifique – entre les individus ou les groupes indigènes – ne leur sert à rien. Tous sont éliminés par les prédateurs et les espèces concurrentes. Les supposés « aptes » comme les « inaptes ».

Il y a d'autres arguments enfin qui viennent contredire l'idée d'un équilibre parfait entre la sélection darwinienne et l'inégalité intraspécifique. Pourtant Darwin une fois encore l'admet à plusieurs reprises. Page 212 en effet il écrit : *Aussi, d'après notre théorie, quand un organe, quelque anormal qu'il soit, se transmet à peu près dans le même état à beaucoup de descendants modifiés, l'aile de la chauve-souris, par exemple, cet organe a dû exister pendant une très longue période à peu près dans le même état, et il a fini par n'être pas plus variable que toute autre structure.*

Ce qui est vrai, ici, pour un organe, peut l'être aussi pour l'ensemble des organes. Qu'est-ce que cela veut dire ? Que les espèces n'évoluent pas – dans le cadre de la sélection naturelle – de manière spectaculaire. Comme le dit Michel Veuille si *le monde est en perpétuelle évolution à l'échelle du temps géologique, il est en équilibre relatif à l'échelle où nous l'observons*, [et si] *l'on peut concevoir qu'il existe des différences génétiques entre individus, il est douteux que celles-ci puissent correspondre à de grandes différences de valeur sélective, car le propre de la sélection – par définition – est d'effacer sans cesse toute variabilité à ce niveau. Contrairement à l'intuition commune, la théorie de la sélection naturelle ne prédit pas, à l'échelle d'une génération, de variation sélective spectaculaire*[6].

Une multitude d'espèces n'ont en effet pas radicalement évolué depuis des milliers voire des millions d'années. L'oryctérope par exemple a 50 millions d'années. Et le tatou, le dragon de Komodo ou même les reptiles en général n'ont pas évolué depuis très longtemps.

En fait, la plupart des espèces aujourd'hui sont ce qu'elles étaient il y a longtemps. Ne serait-ce que depuis que la zoologie existe, la plupart des espèces qui ont été étudiées n'ont pas radicalement évolué. Si ça n'était pas le cas, la zoologie et l'éthologie seraient impossibles, et les livres de biologie ne serviraient à rien. Si les espèces ont été étudiées, c'est qu'elles peuvent l'être justement, et que l'objet d'étude est stable, sur une échelle de temps donnée[7].

Sur l'échelle des temps géologiques, des modifications peuvent toujours apparaître, mais sur chaque génération elles concernent toujours un nombre d'individus infime, en tout cas moins important que le

---

6 *La sociobiologie*, M. VEUILLE (1986), pages 66 et 75-76
7 De ce point de vue, la position du Pr Didier Raoult aux pages 43-46 de son ouvrage *Dépasser Darwin* (2010) paraît excessive. Par contre, l'auteur semble démontrer deux choses : 1. La sélection naturelle ne semble pas s'appliquer aux organismes monocellulaires (comme les virus). Et 2 : une part importante de la supposée concurrence vitale est invisible à l'œil nu : il s'agit de la lutte contre les bactéries et les virus, et donc les épidémies, dont on sait qu'elles sont, pour les sociétés humaines, apparues pour l'essentiel avec la sédentarisation et l'explosion des inégalités qui s'en est suivie.

nombre d'individus qui doivent être éliminés pour réguler les populations. A quelle vitesse se fait l'évolution ? Difficile à dire. Tout dépend du taux de mutation et des mutagènes. D'après Roger Dajoz, la spéciation des drosophiles des îles Hawaï *a été rapide; puisque l'île la plus jeune de l'archipel, qui est âgée de 700 000 ans seulement, renferme des espèces endémiques qui se sont formées depuis cette date*[8]. 700 000 ans, en évolution, ce serait rapide. On imagine au niveau des générations qui vivent ensemble, comment cela se passe.

Le problème de l'évolution telle que la présente Darwin, c'est qu'elle suppose à la fois l'existence d'un stock, d'une réserve d'inégalité dans laquelle irait puiser la sélection, et une pression de sélection mortelle et toujours instable. C'est tout juste si les espèces ne se retrouvent pas plongées dans la soupe primitive, au milieu des séismes et des éruptions des origines. Notre bon vieux panda se retrouve tout à coup catapulté dans un monde lunaire, sans soleil, sans eau, au milieu des gaz mortels et des déluges, cherchant un malheureux brin d'herbe et une femelle en chaleur.

Ce qu'il ne faut pas perdre de vue, c'est que la faune et la flore ne sont jamais adaptées à un milieu unique, à une température précise, au dixième de degré près. Chez toutes les espèces, il y a une capacité d'adaptation comportementale, une plasticité indépendante de l'évolution des gènes, surtout quand on remonte la chaîne de l'évolution.

Le milieu peut changer légèrement, sans que les espèces aient besoin de changer génétiquement, même insensiblement. En fait, tout est une question de degré. L'espèce et l'individu disposent d'un champ d'adaptation

---
8 *Précis d'écologie*, R. DAJOZ (2006), page 171

comportementale – qui dépend des gènes – mais qui leur permet de s'adapter sans avoir à évoluer génétiquement[9] (4).

La sélection intervient sur le long terme, ou de manière intermittente, quand le seuil de résistance génétique et d'adaptation comportementale est dépassé. Et de façon différente peut-être suivant le degré d'évolution. Mais si la sélection naturelle existe, les individus sélectionnés sont égaux relativement à la pression de sélection, et le sont durablement. Jusqu'à ce que le milieu change, et que des mutations apparaissent[10].

---

[9] Pour une vue d'ensemble de la relation entre milieu et comportement, voir *Écologie comportementale*, E. DANCHIN, L.-A. GIRALDEAU, F. CEZILLY (2005)

[10] Certaines découvertes récentes semblent montrer que l'évolution – et donc la sélection – peut se faire plus rapidement qu'on pouvait le penser. C'est le cas par exemple du lézard *Anolis Carolinensis*. Voir à ce sujet notamment *L'évolution éclair d'un lézard grimpeur* dans *Le Monde* du 23 otocbre 2014.

3. La régulation des populations

Dans son *Autobiographie* (1876) Darwin écrit :
En octobre 1838, c'est-à-dire quinze mois après le début de mon enquête systématique, il m'arriva de lire, pour me distraire, l'essai de Malthus sur la Population *; comme j'étais bien placé pour apprécier la lutte omniprésente pour l'existence, du fait de mes nombreuses observations sur les habitudes des animaux et des plantes, l'idée me vint tout à coup que dans ces circonstances, les variations favorables auraient tendance à être préservées, et les défavorables à être détruites. Il en résulterait la formation de nouvelles espèces.*

En réalité la sélection peut-elle à elle seule réguler les populations. Ou n'y-a-t-il pas d'autres mécanismes régulateurs de la densité des populations ? Le taux d'accroissement naturel et le taux de fécondité est-il constant ou variable ? Et la régulation intervient-elle avant ou après la reproduction ?

1. Le premier et le plus direct des mécanismes spécifiques est le *monopole de la reproduction*, sans division physiologique du travail s'entend. Autrement dit, le monopole reproductif autre que celui pratiqué par les insectes sociaux. Chez les insectes sociaux, certains individus ont le monopole de la reproduction, mais comme ils sont spécialisés biologiquement, ils ne font que çà tout le temps et la population n'est pas franchement régulée.

Le monopole dont nous parlons est assez rare dans la nature. Chez beaucoup d'espèces, une minorité de mâles monopolisent les femelles, mais comme les femelles réceptives sont toutes accessibles aux mâles en question, le monopole est seulement intrasexuel, il ne concerne que les mâles.

Chez les loups au contraire[11], c'est un couple qui monopolise la reproduction. Pas toujours mais souvent. Le nombre de reproducteurs est donc plus faible, et le nombre de fécondation diminué. Toutes choses égales par ailleurs, il est très faible en fait car il ne peut pas y avoir moins d'un couple reproducteur par groupe. Ensuite, tout dépend de la taille du groupe et de qui monopolise la reproduction (voir chapitre 5). Chez les loups, la femelle met bas entre 2 et 8 louveteaux par an, et il n'y a qu'un seul couple reproducteur environ pour 10 individus, et donc seulement $1/5^{ème}$ de la population qui se reproduit.

2. Le deuxième mécanisme, c'est ce que certains appellent la *zoochorie*. La zoochorie, c'est le fait pour un individu ou un groupe donné de disséminer par le biais de ses excréments les graines des végétaux qu'il consomme. Ce phénomène est assez courant dans la nature, car au fil de l'évolution les végétaux ont augmenté la résistance de leurs graines aux sucs digestifs.

Dans la distinction des courbes géométrique et arithmétique, on parle en effet – pour la seconde – de ressources alimentaires. Or, ce n'est pas tout à fait le mot qui convient. Si on s'en tient à la courbe des ressources, on voit qu'en général les pyramides des biomasses naturelles sont équilibrées. Grosso modo, pour un champ en friche, les *producteurs* – les végétaux – représentent 470 g/m^2, les herbivores 0,6g/m^2 et les carnivores 0,

---

[11] *Le loup*, J.-M. LANDRY (2001), pages 88-90

01g/m^2, soit plus de 99 % pour la masse végétale.

Il y a donc toujours plus de végétaux que d'herbivores, et plus d'herbivores que de carnivores. Or, si les herbivores disséminent les graines des végétaux qu'ils consomment, la part de ces derniers est relativement constante par rapport aux autres végétaux, et constante par rapport aux animaux. La zoochorie freine indirectement le surpeuplement, en multipliant la masse des végétaux consommables, et donc celle des animaux consommés par les carnivores. C'est le cas par exemple chez les chimpanzés (quoique les chimpanzés ne soient pas des proies systématiques des carnivores, et le sont eux-mêmes parfois). Les chimpanzés disséminent dans leurs fèces les graines des fruits qu'ils consomment, et plus ils sont nombreux, plus ils mangent de fruits, plus ils dispersent de graines, et plus il y a de germination, plus il y a de fruits etc.

3. La *territorialité* est peut-être le moins évident des mécanismes, mais mérite qu'on en dise quelques mots.

Certaines espèces sont territoriales et solitaires, et leur densité démographique est plus faible. Les rapports sociaux sont plus rares, et le taux de reproduction théoriquement plus faible.

Une multitude d'espèces sont territoriales dans la nature. Elles le sont toujours plus ou moins, mais souvent le taux de natalité est plus faible que chez les espèces grégaires et sociales. L'orang-outan par exemple est solitaire. Son territoire est assez vaste (de 2 à 6 km^2 pour un mâle contre 500 m^2 par exemple pour un bonobo) et son taux de reproduction est assez faible. Il vit en moyenne 40 ans, mais n'est reproducteur qu'entre 13-15 ans (12 ans pour les femelles) et 30 ans. L'espace entre les naissances pouvant aller jusqu'à 7 ans[12], chaque femelle ne peut donc avoir dans le meilleur des cas que 3 ou 4 descendants dans toute sa vie.

4. L'*hibernation* au sens large regroupe des phénomènes assez variés, qui vont de l'estivation à la léthargie hivernale proprement dite. L'hibernation se manifeste pendant un durcissement climatique et/ou une baisse des ressources, et se caractérise par une baisse de la température corporelle, un ralentissement des fonctions de l'organisme et une économie d'énergie et de ressources consommables.

On peut distinguer les hibernants saisonniers et les occasionnels, mais les cas d'hibernation au sens large sont très nombreux. Ils concernent des espèces aussi différentes que l'échidné et l'hermione, la marmotte et les les oiseaux. Cela regroupe des phénomènes assez différents comme l'estivation, chez la gerbille et le lérot notamment, l'hivernage des espèces ectotermes, comme chez les reptiles, la torpeur non saisonnière, chez le martinet noir, la chauve-souris et certains lémuriens, et l'hibernation proprement dite, qui peut consister soit en une hypothermie nocturne assez faible - comme chez la mésange noire et l'oiseau-mouche - soit en une hypothermie assez profonde, où la température baisse de 6 à 20 ° pendant 1 à 2 jours, soit bien sûr en une léthargie saisonnière complète, qui peut durer de 4 à 7 mois, comme chez l'ours brun, qui baisse sa température de 5 à 6 ° et diminue de 50 à 60 % le fonctionnement de son

---

12 *L'univers des singes,* M. A. GILDERS (2000) et www.larousse.fr/encyclopedie/vie-sauvage/orang-outan/178168

métabolisme et donc ses dépenses énergétiques.

5. Les *migrations* sont un peu le pendant dynamique du précédent. Quand les ressources diminuent ou deviennent trop faibles, on observe en effet que certaines espèces adoptent un comportement particulier et régulent plus ou moins leur population par rapport aux ressources disponibles en migrant.

Une multitude d'espèces sont concernées. Il y a des oiseaux comme la sterne arctique, qui peut effectuer jusqu'à 40 000 km par an aller et retour, des poissons, comme l'anguille et le saumon, mais aussi des reptiles, comme certaines tortues, des insectes, comme le papillon monarque et les criquets, et certains mammifères, comme les gnous et les baleines. Les animaux utilisent en général des signaux plus ou moins clairs pour l'observateur, comme les étoiles, la chaleur, l'odeur et le bruit, mais à chaque fois cela permet de ne pas subir des températures extrêmes, et de laisser se régénérer les ressources.

6. Les espèces se distinguent aussi selon la *stratégie* de survie et de reproduction qu'elles adoptent : ce qu'on appelle la stratégie K, ou la stratégie r. Cette distinction est assez complexe pour le non initié, mais disons pour simplifier que les stratèges r sont ceux qui misent sur leur taux de natalité, et les stratèges K – a priori plus évolués - ceux qui misent sur leur taux de survie, la non-mortalité.

Les petits rongeurs par exemple sont des stratèges r, et les grands singes des stratèges K. Chez les stratèges r, les taux de natalité et de mortalité sont élevés, et chez les stratèges K ils sont plus bas. Chez les stratèges K, les risques d'élimination et de sélection supposée sont donc plus faibles. L'orang-outan par exemple vit assez longtemps, et n'a que trois petits en moyenne dans sa vie. Et c'est un stratège *K*. Le chimpanzé aussi, alors même qu'il n'est pas territorial ni solitaire. Il se reproduit vers 14 ans, a un petit environ tous les 4 ans, ne se reproduit plus vers 35 ans et meurt vers 45 ans. Chaque chimpanzé ne peut donc avoir en théorie que 5 petits dans toute sa vie. Il en a moins en fait en une vie qu'une laie peut en avoir en une seule portée.

7. Mais c'est sans doute le système des *diapauses* qui parait le plus évident, quoique beaucoup plus rare[13]. La diapause c'est une phase d'attente de l'œuf fécondé. Elle concerne de nombreux invertébrés, mais aussi l'otarie, le kangourou et le lion de mer, des espèces qui vivent dans un environnement parfois très hostile. Quand les ressources viennent à manquer, la croissance de l'embryon est freinée ou même momentanément stoppée. Le plus souvent, cela se produit quand un second embryon est conçu post-partum, c'est-à-dire juste après une naissance. Le second embryon se met alors en pause, dans la mère elle-même, et reprend sa croissance au sevrage du premier, c'est-à-dire quand les ressources redeviennent suffisantes. Chez certains kangourous, la diapause peut atteindre 11 mois si la fécondation a eu lieu à la fin de l'été austral[14] (4).

Claude Henry note aussi de nombreux cas de *dormance* chez les plantes. Il remarque que chez la plante *Stephanomeria exigua coronaria* la dormance des semences atténue les effets génétiques des crises

---

[13] *Biologie des populations animales et végétales*, C. HENRY (2001), pages 384-396
[14] *La reproduction des kangourous, wallabies, et wallarous du genre* Macropus, thèse de V. DONZEAUX (2010) pages 75-78

démographiques. La plante vit dans un milieu imprévisible, avec des précipitations irrégulières, et connaît des variations de population extrêmes (allant de 25 000 individus à 500). Pourtant, après 4 ans d'expérience, *les fréquences d'une vingtaine d'allèles portant sur cinq locus n'ont pratiquement pas montré de différences significatives pendant toute cette période, et les allèles rares n'ont pas été perdues*[15].

---

15 C. HENRY précité.

4. La régulation des populations (suite)

Les mécanismes décrits précédemment ne sont pas exhaustifs – il y en a sans doute d'autres - ni exclusifs les uns des autres. Le chimpanzé par exemple dissémine les graines des fruits qu'il mange, et c'est un stratège K. Le kangourou peut être territorial, et sa croissance peut être diapausée. Les ours brun et polaire sont territoriaux, et le premier hiberne et le second migre etc.

Mais ces mécanismes restent toutefois, dans leur ensemble, limités. L'éléphant par exemple est un stratège K, mais sa population peut rapidement devenir supérieure aux capacités d'accueil du milieu. Chez le loup également, le monopole de la reproduction fait baisser le taux d'accroissement naturel, mais sur plusieurs générations le risque de surpopulation persiste (d'autant que le monopole n'est pas systématique). Il doit donc y avoir, à côté de ces mécanismes particuliers, des mécanismes plus généraux.

1. Le premier de ces mécanismes, c'est la diminution de la fécondité[16]. C'est l'endocrinologue et éthologue Christian qui le premier a démontré que la densité du groupe avait des effets inhibiteurs sur les organismes et les taux de reproduction.

Il a remarqué en effet que des cerfs, qui avaient vu leur population augmenter, et qui ne manquaient pas a priori de nourriture, étaient plus gros que la moyenne, et leurs glandes surrénales étaient hypertrophiées. Or, les

---

16 voir *Les sociétés animales*, J. GOLDBERG (1998) pages 64-68 ; *Écologie générale : Structure et fonctionnement de la biosphère*, R. BARBAULT (2008) pages 72-93 ; et *Précis d'écologie*, R. DAJOZ (2006) pages129-132 et 203-216

glandes en question sont liées à la régulation de la croissance, de la reproduction et au système immunitaire, et augmentent avec le stress.

D'une manière générale, les testicules des cerfs avaient diminué, et les femelles étaient devenues moins fertiles. Selon Christian, la fertilité avait donc diminué avec le stress, qui augmente avec la densité de population. Depuis, d'autres travaux – en laboratoire notamment - sont venus confirmer et étayer ces résultats, pour d'autres espèces, comme les souris, les lapins et les campagnols. Plusieurs effets ont pu être relevés, et à chaque fois la corrélation entre la densité et la diminution du taux de reproduction a pu être établie.

Pour les végétaux on ne peut pas parler de fonctions corticales et génitales évidemment, mais le principe est le même, comme le montre le tableau[17] page 27. Les chiffres parlent d'eux-mêmes. Ceux du nombre de graines par individus sont peut-être les plus éloquents : la production de gamètes diminue quand la densité de la population augmente.

2. Les populations naturelles ne sont pas seulement régulées au niveau de la fécondité, mais le sont aussi au niveau de la mortalité. Or d'après les données dont nous disposons, la mortalité semble dans certains cas être le fruit du hasard.

Attention nous ne nions pas que la mortalité puisse être sélective, ce serait remettre en question tout le mécanisme de sélection et d'évolution. Nous posons juste quelques questions. Chez les animaux sexués par exemple, il y a bien une sélection entre les

---

[17] *Ecologie générale : Structure et fonctionnement de la biosphère,* R. BARBAULT (2008) page 81

spermatozoïdes non fertiles et fertiles, mais entre ces derniers y en a-t-il vraiment une ? A priori tous les spermatozoïdes fertiles ont une chance égale de féconder l'ovule.

Capsella bursa-pastoris					
Densité au semis	1	5	50	100	200
Pourcentage de germination	100	100	83	86	83
Pourcerntage de reproduction	100	100	82	83	73
Nombre de graines / indiv.	23741	6102	990	451	210
Plantago major					
Densité au semis	1	5	50	100	200
Pourcentage de germination	100	100	93	91	90
Pourcerntage de reproduction	100	93	72	52	34
Nombre de graines / indiv.	11980	2733	228	126	65
Conyza canadensis					
Densité au semis	1	5	50	100	200
Pourcentage de germination	100	87	56	54	52
Pourcerntage de reproduction	100	87	51	42	36
Nombre de graines / indiv.	55996	13710	1602	836	534

Pour les zygotes et les œufs c'est la même chose. La morue par exemple produit plusieurs millions d'œufs par an, dont une infime partie survivront. Or qui peut prouver que les œufs qui survivent sont plus adaptés que les autres ?

La mortalité juvénile semble elle aussi parfois s'apparenter à une forme de loterie. Chez beaucoup d'espèces, si l'on excepte les individus dits « monstrueux » – qui sont rares et éliminés avant le sevrage par la sélection dite conservatrice – les jeunes qui survivent jusqu'à la maturité ne sont pas toujours plus aptes que les autres. Ils ne peuvent pas l'être, d'après les lois mendéliennes de l'hérédité.

Chez la tortue de l'île de Rennes par exemple, 1 petit sur 1 000 en moyenne réussit à survivre. Les autres meurent par écrasement, noyade ou à cause des prédateurs comme la frégate ou les poissons. Or d'après les lois de l'hérédité mendélienne, la sélection ne peut pas frapper une telle proportion de descendants d'individus sélectionnés.

Chez le diable de Tasmanie, il n'y a que 2 embryons sur 40 qui survivent, et les ¾ périssent avant 1 an. Qui peut-dire que la sélection frappe une telle proportion de descendants d'individus sélectionnés ? Même chose pour les bébés des dragons des Galapagos, qui sont tués en masse par les buses, les serpents, les fous de mer, les éruptions et l'eau. Les mangeurs de planctons eux ne font pas non plus dans le détail. Et le fou de bassan, qui plonge d'une hauteur de 30 m parfois jusqu'à 6 m de profondeur dans les bancs de poissons, à une vitesse de 100 km/h, peut-il vraiment choisir sa proie ?

Si on regarde l'histoire de l'évolution, on voit également que lors des grands bouleversements la mortalité a été exponentielle. Quand les dinosaures par exemple ont disparu, la nature n'a pas fait dans le détail, et n'a pas sélectionné les *Velociraptor* plus ou moins aptes. Ils sont tous morts, les *aptes* comme les *inaptes*.

En fait il semble qu'à chaque fois que la pression de sélection dépasse un certain seuil, notamment quand elle est instable (un désert chaud ou froid par exemple n'est pas imprévisible ni instable en soi) la sélection naturelle devient impossible. Si la pression devient trop forte, les individus ne peuvent plus être sélectionnés.

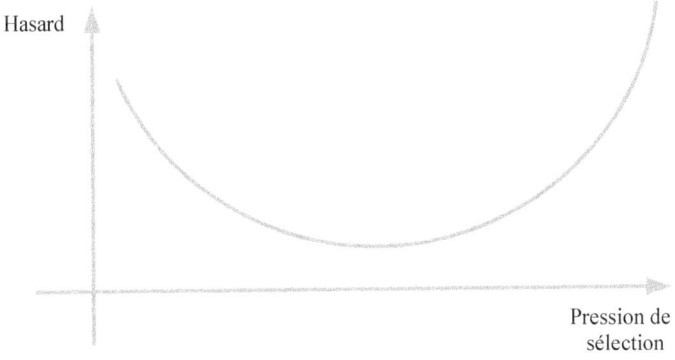

On pourrait dire que la survie suit une courbe en cloche inversée, comme dans le schéma précédent. Si la pression du milieu est trop faible ou trop forte, la variabilité génétique ne sert à rien. Par contre son utilité augmente entre le plancher et le plafond. Des études futures montreront peut-être que la courbe est plus ou moins plate selon le degré d'évolution des espèces.

5. Hiérarchies et dominance

Les rapports de hiérarchie/dominance sont un thème important en biologie, mais il n'y a pas à proprement parler de théorie en la matière. Tout simplement parce que, la plupart du temps, l'ombre de Darwin plane sur les recherches. S'il y a une sélection, alors c'est que les dominés sont inférieurs génétiquement.

Or, l'inégalité et la sélection génétiques ne semblent pas être le facteur principal des rapports de hiérarchie/dominance, tels qu'ils peuvent être observés par les zoologues ou les éthologues.

Darwin l'admet d'ailleurs plus ou moins. Page 118 par exemple il écrit que l'élimination *dans la grande majorité des cas se présente de bonne heure,* et page 119 il écrit : il *semble que ce sont les semis qui souffrent le plus, parce qu'ils germent dans un terrain encombré par d'autres plantes.* Les semis étant les plus jeunes, celles qui occupent déjà le terrain sont les plus matures.

La maturité doit être déterminante. C'est logique. Notamment pour les animaux. D'abord, être mature signifie qu'on a terminé sa croissance, et qu'on est en bonne santé. Ensuite, la maturité est corrélée le plus souvent à l'ancienneté de résidence et la connaissance du groupe, ce qui évidemment confère un avantage important, surtout quand on remonte la chaîne de l'évolution. D'une manière générale, la maturité est source d'avantages multiples : la corpulence – la taille et le poids - la qualité du système immunitaire et des défenses augmentent généralement avec l'âge.

Avant la maturité, les jeunes adultes par exemple se dispersent et migrent souvent, pour éviter des rapports de consanguinité. Et le plus mature se retrouve possesseur ou résident d'un territoire. Chez l'orang-outan par exemple, une espèce solitaire et territoriale, c'est le plus mature, celui qui a le disque facial le plus développé, qui domine[18].

Chez les babouins, les femelles les plus âgées sont celles qui ont le rang le plus élevé, jusqu'au point d'inversion évidemment, où l'âge devient un désavantage[19]. Chez la truite, la plus mature se tient là où l'eau est la plus oxygénée et en chasse les autres[20]. *Chez les insectes les larves de hanneton âgées de trois ans attaquent les larves les plus jeunes et empêchent leur développement. Cette forme de compétition directe explique pourquoi dans une région toutes les larves ont le même âge, et pourquoi tous les imagos ont moins de trois ans[21]*. Chez les antilopes, qui sont généralement territoriales, les hiérarchies sont comme chez les bovidés liées à la maturité[22]. Même chose pour les moutons sauvages[23], les équidés comme les zèbres et les chevaux[24], ou des espèces aussi différentes que le gibbon[25], le sanglier[26], le dauphin[27] et le gorille avec son dos argenté[28].

On pourrait multiplier les exemples, mais au-delà

---

18 *L'univers des singes,* M. A. GILDERS (2000), page 10-13, 26-29 et 39-42
19 *Les sociétés animales,* J. GOLDBERG (1998), page 76
20 *Écosystèmes : Structure, Fonctionnement, Évolution*, S. FRONTIER, D. PICHOD-VIALE, A. LEPRETRE, D. DAVOULT, C. LUKZAK (2008), page 256
21 *Précis d'écologie,* R. DAJOZ (2006), page 128
22 *Les sociétés animales,* J. GOLDBERG (1998), pages 79-84
23 Ibid. page 85
24 Ibid page 89
25 Ibid. page 99
26 *Le sanglier,* P. ETIENNE (2003) page 70
27 *Les sociétés animales,* J. GOLDBERG (1998) page 94
28 *L'univers des singes,* M. A. GILDERS (2000), pages 16-17/29-33

de la simple dominance, la mortalité elle-même reste beaucoup plus élevée chez les moins matures. Ce sont les plus jeunes et les plus vieux les proies préférées et pour ainsi dire exclusives des prédateurs, quand la chasse est discriminante.

On distingue habituellement 3 courbes de survie, et les courbes dites concaves sont en effet les plus communes dans la nature : chez les buffles du Kenya par exemple , entre 2 et 10 ans la mortalité est très faible, mais en dessous et au-delà elle est beaucoup plus forte[29]. Chez l'albatros fuligineux à dos sombre, l'espérance de vie est de 28 ans et 99 % meurent au cours des 90 premiers jours[30].

Les plus matures sont avantagés aussi du point de vue de la reproduction. Un fait à lui seul pourrait presque prouver que la maturité est la source des hiérarchies de reproduction et donc de survie à plus long terme : le temps de domination est toujours inférieur au temps de maturation, pour diminuer les risques de consanguinité.

Claude Henry note d'ailleurs que la précocité de la maturité sexuelle est plastique et dépend de la pression de sélection. *L'augmentation de la fécondité par âge des espèces à croissance continue est illustrée par de nombreux exemples concernant les plantes et les animaux poïkilothermes. [...] Dans le cas des animaux, le phénomène est bien documenté chez de nombreux poissons, quelques lézards et certains mollusques. [...] Le succès de la reproduction augmente avec l'âge chez les espèces à croissance limitée* [notamment chez les] *vertébrés supérieurs dont le succès reproducteur dépend*

---

[29] *Précis d'écologie*, R. DAJOZ (2006), pages 206-207 et 160-169
[30] *Biologie des populations animales et végétales*, C. HENRY (2001), page 525-536

de la qualité des soins parentaux acquise après un apprentissage plus ou moins long[31]. Chez les loups par exemple, les femelles matures arrivent plus tôt à l'œstrus, inhibent les autres, s'accouplent plus souvent, ont des portées plus nombreuses et la mortalité de leurs petits est moins élevée. Quand elles ne monopolisent pas tout simplement la reproduction[32].

Dans la nature, la valeur attend donc le nombre des années. Mais ont peut affiner l'analyse. Claude Henry note par exemple que chez des cardères (une plante), la croissance dure 2 ans en cas de conditions favorables, et entre 3 et 5 ans en cas de conditions défavorables[33]. Il y a donc des plantes plus jeunes qui peuvent être aussi développées que des plantes plus anciennes. Mais on le voit la variabilité génétique n'entre pas en ligne de compte : c'est le hasard des conditions de développement qui module les effets de la maturité réelle.

Claude Henry parle cependant d'un cas apparent de *sévérité de la sélection,* chez le cerf élaphe d'Écosse[34]. Deux cerfs mâles et deux femelles ont été observés pendant une douzaine d'années (l'espérance de vie pouvant aller jusqu'à 15 ans), et il apparaît qu'un cerf et une biche ont plus de descendants que les 2 autres. Un des 2 cerfs mâles notamment a 7 descendants sur 13 qui survivent jusqu'à l'âge adulte, et l'autre aucun sur le seul qu'il a engendré.

Claude Henry fait remarquer que l'essentiel de la croissance se joue la première année de vie, et que la valeur nutritive du domaine vital (notamment la densité

---

31 Ibid.
32 *Le loup,* J.-M. LANDRY (2001), pages 88-90
33 C. HENRY précité, pages 487-488
34 Ibid. page 236

de population) est déterminante pour la survie des parents et des descendants. En l'occurrence, les 2 mâles et les 2 femelles avait-il un âge équivalent ? Et comment expliquer qu'un cerf et une biche avaient un meilleur domaine vital ?

En fait 1. on ne peut pas séparer la maturité d'une génération de celle qui précède. En l'occurrence, on peut penser que la paire qui se reproduit mieux vient elle-même d'individus plus matures. 2. il peut y avoir des distorsions dans les conditions de milieu et de développement, du fait de l'imprévisibilité des milieux. Et 3 même à conditions de milieu égales, une petite avance de maturité, qui paraît insignifiante pour l'observateur, peut être importante.

Certes le nombre d'andouillers (ramifications de bois) n'est pas nécessairement lié à l'âge, mais une étude récente montre par exemple que l'âge des biches a des conséquences sur la durée de gestation des faons, et surtout que les jeunes biches inexpérimentées ont moins d'aptitude maternelle. Les biches primipares par exemple commencent à allaiter 11 minutes plus tard que les biches matures[35].

D'après l'Office National de la Chasse et de la Faune Sauvage (19), le taux de survie varie aussi selon l'âge[36] :
- *Faons : survie de 50 à 70 % en situation défavorable (pertes plus marquées chez les mâles), 85 à 90 % en situation favorable (pas*

---

[35] *A comparison of the calving behaviour of farmed adult and yearling red deer (Cervus elaphus) hinds.* ; Applied Animal Behaviour Science Volume 80, Issue 4, J. A. WASS, J. C. POLLARD, ET R. P. LITTLEJOHN (2003) Pages 337-345

[36] *www.oncfs.gouv.fr/Connaitre-les-especes-ru73/Le-Cerf-elaphe-ar978*

d'effet sexe)
- *Yearlings : 70 à 85 % en situation défavorable (pertes plus marquées chez les mâles), pas renseignée en situation favorable ;*
- *Sub adultes et adultes : plus de 90 % dans tous les cas ;*
- *Sénescence : chute brutale de la survie chez les mâles, moins marquée chez les femelles, au delà de 8 ans en situation défavorable (inférieure à 50 %), résultats non connu en situation plus favorable.*

S'agissant de la reproduction, l'ONCFS note qu'*en été, à l'approche du rut, les groupes se disloquent et la hiérarchie s'affirment : les adultes sont individualistes et rejoignent les femelles tandis que les plus jeunes forment de petits groupes.*[Et] *sous des conditions de forts déséquilibre (certaines populations écossaises), les bichettes ne reproduisent pas et les biches adultes reproduisent une année sur deux.*

S'agissant enfin de la question du domaine vital l'ONCFS note : *Certains jeunes cerfs quittent totalement le secteur de leur unité familiale et émigrent. D'autres semblent erratiques sur un vaste secteur qui englobe celui de leur prime jeunesse. Cette grande mobilité temporaire, sans organisation apparente, dure deux à trois ans et les prémices de leur sédentarisation apparaissent vers l'age de quatre à cinq ans. Il semble que l'adoption d'un domaine vital binucléé (zone de rut et de refait) n'intervienne pas avant cinq à six ans.*

6. Des papillons et des haricots

La reproduction naturelle vise à préserver une certaine variabilité. Que la plupart des espèces se reproduisent aujourd'hui de manière sexuée et non par parthénogenèse (clonage) comme le *Lepidodactylus lugubris* (un petit lézard) en est la meilleure preuve.

Or le hasard joue un rôle important dans les lois de l'hérédité mendélienne, et les risques de consanguinité augmentent avec l'homogamie génétique, ce qui rend plus difficile la reproduction d'individus proches génétiquement.

La sélection ne peut donc dépasser un certain seuil, au-delà duquel les risques de consanguinité augmentent. A titre d'exemple, une analyse génétique sur 18 cerfs circonscrits par des routes a montré une perte d'hétérozygotie 7 fois plus élevée que la norme théorique. De nombreux cerfs dans ce groupe sont affectés d'une malformation génétique rendant leur mâchoire inférieure plus courte d'environ 5 cm[37].

En outre rappelons que l'identité génétique est difficilement détectable dans son intégralité. Comme le dit Roger Dajoz, *le polymorphisme ne se révèle généralement pas au niveau du phénotype et doit être détecté par d'autres méthodes biochimiques comme la recherche des isoenzymes*[38].

Plusieurs expériences tendent d'ailleurs à

---

[37] *Genetic analysis of an isolated red deer (Cerphus Elaphus) population showing signs of inbreeding depression ;* European Journal of Wildlife Research Volume 53, F. E. ZACHOS, C. ALTHOFF, Y. V. STEYNITZ, I. ECKERT, G. B. HARTL (2007)
[38] *Précis d'écologie,* R. DAJOZ (2006), page 176

prouver que, même chez l'homme, les individus choisissent – par l'odorat notamment – des partenaires ayant des patrimoines génétiques éloignés du leur, pour augmenter la variabilité immunitaire et faire face aux parasites[39].

C'est toutefois l'expérience de Kettlewell réalisée dans les années 1950 sur la phalène du bouleau (un papillon) qui pour beaucoup constitue la référence en matière de sélection naturelle.

Avant l'ère industrielle, les papillons noirs – ou mélaniques – étaient assez rares, mais à partir du XXème siècle ils seraient devenus de plus en plus fréquents, jusqu'à représenter dans certaines régions la majorité des individus.

Comme le mélanisme est génétique, et que les papillons reposent la journée sur les troncs d'arbre, l'hypothèse était que les mélaniques, mieux camouflés sur les troncs noircis et privés de lichen par les polluants, échappaient mieux que les papillons clairs dans les régions polluées aux oiseaux chassant à vue.

Kettlewell aurait démontré expérimentalement la validité de cette thèse. Il observe en effet que dans une forêt polluée, le taux de recapture – et donc de survie – des mélaniques est de 53,2 % et de 25 % chez les clairs. La même expérience dans une forêt non polluée conduirait à un résultat inverse : 6,3 % de recaptures de mélaniques et 12, 5 % de recaptures d'individus clairs.

A quantité initiale égale de chaque type de papillons, les prédateurs tueraient donc plus de mélaniques en bois non pollué et plus de clairs en bois pollué. Les trois conditions classiques de l'existence de la

---

[39] *Écologie comportementale*, E. DANCHIN, L.-A. GIRALDEAU, F. CEZILLY (2005), page 532

sélection naturelle seraient ainsi réunies : *1.* Il y a une variabilité initiale. *2.* Il y a un caractère lié à la survie par le biais d'une prédation inégalitaire. *3.* Et le caractère est génétique et donc transmissible.

Sans reprendre ni cautionner les polémiques soulevées par les créationnistes sur l'expérience, on notera cependant - en dehors du fait que l'expérience ne dit rien de la sélection des gamètes et des zygotes – que le taux de recapture et de survie du type a priori le plus adapté dans le premier cas est de 53 %, et dans le second de 12 % seulement. Seuls 1/2 et $1/8^{\text{ème}}$ des individus avantagés survivent donc, et ils survivent seulement deux fois plus que les autres, qui ne sont pas totalement éliminés.

On peut se demander aussi si la sélection en question est liée à la question de la surpopulation et de l'orthogenèse. Kettlewell et les ouvrages qui parlent de l'expérience ne disent rien sur le sujet. Or, si le taux de natalité des papillons est très élevé - si c'est une espèce très prolifique - même la survie d'$1/2$ ou d'$1/8^{\text{ème}}$ de la population peut entraîner une surpopulation (si la sélection est le seul mécanisme régulateur).

On notera enfin que d'autres expériences tendent à prouver qu'une part indéterminée du polymorphisme et de la variabilité est neutre. Sans raviver ici la polémique soulevée par les tenants de la théorie neutraliste, on mentionnera les résultats de l'expérience menée par Dobzhansky et Pavlovsky dans les années 1955-56 : deux populations de drosophiles porteuses d'allèles différentes sont restées stables pendant 18 mois[40]. Alors que les individus porteurs d'une allèle

---
40 *Évolution, synthèse des faits et théorie*, F. BRONDEX (2003), page 134. L'auteur donne des chiffres un peu différents pour le papillon de Kettlewell,

avantageuse aurait dû évincer les autres, d'après les tenants d'un polymorphisme strictement utile pour la sélection.

Nous devons aussi faire quelques précisions terminologiques. Depuis le début, nous employons le terme de *génétique*, sans l'avoir vraiment défini, et sans avoir fait les distinctions qui s'imposaient, celle surtout qu'on doit faire entre le *génotype* et le *phénotype*.

C'est Johannsen au début du XXème siècle, à partir d'expériences sur les haricots, qui distingue le premier les deux facteurs qui concourent à l'expression des caractères biologiques d'un individu : le patrimoine génétique, auquel il donne le nom de génotype, et le milieu, qui contribue avec le premier à la formation du résultat génétique final, le phénotype.

Le génotype, c'est le patrimoine génétique d'un individu dépendant des gènes hérités de ses parents. Le phénotype, c'est la réalisation du génotype, le résultat génétique final, la conjonction si l'on veut du génotype et du milieu, au cours du développement notamment.

Par exemple, l'appartenance à un groupe sanguin particulier est génotypique. Quelles que soient les conditions de développement et d'existence, un individu du groupe O sera toujours du groupe O. Pour le diabète par contre, la notion de phénotype est importante. Un individu génotypiquement exposé au diabète peut le développer ou non, ou le développer plus ou moins tard, selon ses conditions de développement et d'existence.

Johannsen pour sa part remarque que des haricots, même reproduits par auto-fécondation et donc identiques du point de vue du génotype, ne bénéficiaient pas tous – et ne pouvaient pas bénéficier - du même degré

---

mais le principe reste le même

de luminosité, d'humidité, de chaleur, du même apport en oligo éléments etc. et n'avaient donc en définitive pas exactement la même dimension ni le même poids.

Même à génotypes parfaitement identiques, deux individus ne peuvent donc pas être parfaitement égaux. Dans la nature, l'action du milieu – pendant la croissance notamment – ne peut jamais être exactement la même. Même quand deux individus sont parfaitement identiques génotypiquement, il y en a toujours un qui, globalement, de la naissance jusqu'à la fin de la croissance, et même après, bénéficie de conditions de vie meilleures.

L'avantage phénotypique confirme l'idée que les génotypes n'ont pas besoin d'être très inégaux pour que des rapports de hiérarchie s'installent. Et surtout que les conditions de vie et d'existence, notamment pendant la croissance, sont déterminantes.

7. Mutualités

Si dans la nature les rapports sont souvent des rapports de force, ce qu'on pourrait appeler la *socialité* est aussi essentielle.

La plupart du temps, les combats sont ritualisés, et ne dégénèrent pas en violence physique. Les rangs s'établissent grâce à des postures et des vocalisations codifiées. Chez les chimpanzés par exemple, 1 % seulement des conflits entre mâles dégénèrent en violence[41]. La dominance n'est pas non plus toujours définitive. Chez les loups par exemple[42], l'espérance de vie est d'environ 10/12 ans, et la dominance du mâle alpha ne dure que 1 à 3 ans en moyenne (même si parfois cela peut aller jusqu'à 8 ans). La dominance enfin n'offre pas que des avantages. Les cerfs par exemple sont complètement épuisés après la période du rut, et peuvent perdre jusqu'à 20 % de leurs poids[43].

On observe aussi chez certaines espèces de véritables mutualités. Sur la banquise par exemple, les manchots empereurs se blottissent les uns contre les autres pour se protéger du froid, et effectuent des rotations pour que ce ne soit pas toujours les mêmes qui soient exposés[44]. Chez les cailles, les individus s'organisent en cercle, et tournent la tête vers l'extérieur pour repérer les éventuels prédateurs[45]. Chez d'autres espèces, de véritables groupes de défense sont organisés,

---

41 *L'univers des singes,* M. A. GILDERS (2000), page 33
42 *Le loup,* J.-M. LANDRY (2006), page 78
43 www.oncfs.gouv.fr/Connaitre-les-especes-ru73/Le-Cerf-elaphe-ar978
44 *Les sociétés animales,* J. GOLDBERG (1998), page 119
45 Ibid., page 240

comme chez la bergeronnette[46]. Chez les lions, les femelles se relaient, constituent des équipes et rabattent le gibier. Chez les crocodiles, les individus s'associent pour déchiqueter les proies, et organisent plus ou moins spontanément des barrières à poissons avec leurs mâchoires. Chez l'orque, la chasse collective peut être très élaborée, et l'apprentissage peut prendre beaucoup de temps. Chez les loups et le lycaon, les chasseurs partagent la nourriture avec ceux qui ont gardé les petits et qui le demandent. Et chez les chimpanzés, le fruit de la chasse est partagé entre les chasseurs, ou même avec les simples spectateurs quand la chasse est individuelle.

Chez beaucoup d'espèces, la garde et l'éducation des petits sont également collectivisées. C'est le cas par exemple chez les geais du Mexique[47]. Chez ces espèces, les reproducteurs et les apparentés – comme les tantes – s'occupent de la reproduction et de la protection des petits. Ils inhibent la violence entre les petits, construisent et gardent ensemble des terriers collectifs, et allaitent et régurgitent à tour de rôle la nourriture.

Chez certaines espèces, la mutualité s'apparente même à une sorte de moralité. Dans *Plaidoyer pour l'altruisme*, Matthieu Ricard relève plusieurs formes d'altruisme chez les animaux[48]. Chez les dauphins, des individus en difficulté peuvent être aidés[49]. Chez certains macaques la réconciliation et l'assistance sont assez courants[50]. Chez les macaques de Tonkéan par exemple, entre 5 et 50 % des conflits se règlent pacifiquement,

---

46 Ibid., page 240
47 Ibid., page 242
48 *Plaidoyer pour l'altruisme*, M. RICARD (2014), pages 232-262
49 *Le grand dauphin*, J.-P. SYLVESTRE (2009), page 68
50 *Aux origines de l'humanité 2*, Y. COPPENS, P. PICQ (2002), page 430

avec des embrassades, des caresses, des expressions faciales cordiales et des baisers[51]. La réconciliation peut se faire aussi par l'intermédiaire d'un tiers, le dominant notamment, qui peut protéger le faible, menacer deux belligérants et prendre position contre un agresseur. Chez les chimpanzés par exemple, une femelle peut réconcilier deux mâles qui s'opposent. Deux individus peuvent se consoler mutuellement, avec des étreintes et des toilettages. Et un agressé peut chercher refuge auprès d'un tiers, ou celui-ci peut prendre directement l'initiative[52].

Ce type de mutualité peut augmenter avec le degré d'évolution et de cérébralité, qui favorise l'empathie et les reconnaissances sociales. Chez certains macaques par exemple, on a relevé des cas où le groupe et notamment les dominants aidaient et contrôlaient leur agressivité vis-à-vis d'individus handicapés[53].

En dépit de la violence de certaines hiérarchies de maturité, l'inégalité entre les individus est également limitée. Certes une espèce peut « profiter » d'une autre espèce. La frégate par exemple extorque le fruit de la pêche du fou. Le lion, le chacal et la hyène volent le léopard. Le coucou pond dans le nid des autres. Et la mouette rieuse vole le manchot. Mais tous ces exemples concernent des rapports entre des espèces différentes.

Il n'y a pas d'exploitation *intraspécifique* dans la nature. Chez les mangeurs de plancton et les herbivores, c'est tout simplement impossible. La concurrence peut concerner a priori le territoire, mais

---

51 Ibid., page 427
52 Ibid., page 430
53 Ibid., page 432

aucun individu ne peut vivre aux dépens des autres. Chez les frugivores, c'est théoriquement plus facile, sauf chez les espèces territoriales et solitaires – comme l'orang-outang - mais à ma connaissance il n'y a aucun cas d'exploitation relevé. Chez le chimpanzé par exemple, quand les ressources végétales sont concentrées sur un arbre, on observe que les individus prennent eux-mêmes de la distance pour éviter les conflits[54].

Chez les carnivores, soit l'espèce est solitaire, soit elle est sociale et ce sont les dominants - comme chez les loups - qui assurent la part la plus difficile et la plus risquée de la chasse, comme la mise à mort de la proie. Dans tous les cas, la monopolisation des ressources ne peut pas aller au-delà de la satiété.

Même chez les fourmis, les abeilles et les termites, il n'y a pas contrairement à ce qu'on pourrait croire d'exploitation. En dehors du fait que la violence peut s'exercer contre la reine elle-même, comme chez les fourmis et les abeilles, où la reine peut être tuée périodiquement, les reines – et le roi chez les termites – ne sont pas exemptes de la production.

La fonction et la production des reines – et des mâles chez les termites – c'est la reproduction justement. Il n'y a pas d'un côté des ouvrières qui s'activent et se tuent au travail, et de l'autre des reines qui se prélassent avec une armée industrielle à leurs pieds.

Chez les abeilles et les fourmis, la reproduction est même haplo-diploïde, et non diploïde comme chez l'homme. Cela veut dire, sans rentrer dans le détail, que la parenté génétique est plus forte entre les sœurs qu'entre les sœurs et la reine[55]. Autrement dit, quand les

---

54 Ibid., page 190-191
55 *La sociobiologie*, M. VEUILLE (1986), pages 38-46

ouvrières travaillent pour la colonie, elles travaillent génétiquement surtout pour elles[56].

Dans la nature, il n'y a pas d'*inégalité illimitée*. Il n'y a pas d'espèces chez laquelle la seule propriété permet d'entretenir toute une classe d'individus. Même ceux qui sont, d'une certaine manière, propriétaires de leur territoire, subviennent à leurs besoins, et créent eux-mêmes les richesses réelles et matérielles dont ils ont besoin pour survivre et se reproduire.

Il n'y a pas, comme l'a affirmé Hitler, de *« principe aristocratique observé dans la nature »*. Aucun individu n'est placé sous la dépendance d'un autre, hormis le jeune sous celle de ses parents. Chacun subvient à ses propres besoins, cueille ses fruits, chasse son gibier et construit son habitat, ou s'associe avec d'autres dans le cadre de coopérations et de mutualités.

---

[56] Comme le dit Michel Veuille, pour retirer un avantage biologique égal à celui d'un insecte soldat, il faudrait pour chaque homme d'une nation donnée – ou d'une entreprise - être sûr, pour se sacrifier, de sauver au moins deux frères – ou 2 sœurs - 4 demi-frères, 8 cousins ou cousines...

8. Élasticité de l'inégalité

La sélection naturelle existe. Et elle est bien le volant de l'évolution (le moteur étant constitué des mutations). L'erreur de Darwin, c'est d'en avoir fait le mécanisme régulateur des populations, un mécanisme figé et inflexible.

Les rares fois d'ailleurs où il essaie de la rendre plus réactive au milieu, il se méprend. D'où l'intérêt des chapitres qui ont précédé. Ils montrent que dans le monde du vivant tout est réactif, plastique : les comportements, la maturité, le phénotype... Et la sélection.

Darwin a déjà développé l'idée d'une dialectique de l'évolution : à l'évolution naturelle chez l'homme aurait succédé l'évolution culturelle[57]. Le fait est incontestable. L'homme moderne biologique a environ 200 000 ans. Après, l'évolution a été essentiellement économique et culturelle. Même l'évolution des systèmes immunitaires depuis l'apparition de l'agriculture et des grandes épidémies a une origine humaine.

Mais on ne peut pas se contenter de dire cela.

Rousseau écrit à la fin de la première partie du *Discours sur l'inégalité* (1755) : *A l'égard des inductions que l'on pourrait tirer, dans plusieurs espèces d'animaux, des combats des mâles qui ensanglantent en tout temps nos basses-cours ou qui font retentir au printemps nos forêts de leurs cris en se disputant la femelle, il faut commencer par exclure toutes les espèces où la nature a manifestement établi dans la puissance relative des sexes d'autres rapports que parmi nous : ainsi les combats des*

---

[57] *Dictionnaire du darwinisme et de l'évolution*, P. TORT (1996)

coqs ne forment point une induction pour l'espèce humaine. Dans les espèces où la proportion est mieux observée, ces combats ne peuvent avoir pour causes que la rareté des femelles eu égard au nombre des mâles, ou les intervalles exclusifs durant lesquels la femelle refuse constamment l'approche du mâle, ce qui revient à la première cause ; car si chaque femelle ne souffre le mâle que durant deux mois de l'année, c'est à cet égard comme si le nombre des femelles était moindre des cinq sixièmes. Or aucun de ces deux cas n'est applicable à l'espèce humaine où le nombre des femelles surpasse généralement celui des mâles, et où l'on n'a jamais observé que même parmi les sauvages les femelles aient, comme celle des autres espèces, des temps de chaleur et d'exclusion. De plus parmi plusieurs de ces animaux, toute l'espèce entrant à la fois en effervescence, il vient un moment terrible d'ardeur commune, de tumulte, de désordre, et de combat : moment qui n'a point lieu parmi l'espèce humaine où l'amour n'est jamais périodique.

L'air de rien, Rousseau pose des principes, et fait des distinctions biologiques qui semblent confirmées aujourd'hui. Prenons par exemple deux espèces qui nous sont très proches : le chimpanzé et le bonobo. Ce sont nos plus proches parents. La femelle chimpanzé n'est réceptive que 5 % environ de sa vie adulte, alors que le renflement de la vulve des femelles bonobos – qui indique que la femelle est réceptive – dure le tiers du cycle mensuel environ – 14 jours sur 45 – et ne disparaît pas complètement après l'ovulation. *Il en résulte* dit Gilders *que les femelles* [bonobos] *sont disponibles pour l'accouplement pendant la moitié de leur vie adulte*[58].

Or, même si le chimpanzé et le bonobo sont des

---

58 *L'univers des singes*, M. A. GILDERS (2000), page 48

espèces où les alliances stratégiques sont importantes dans les rapports de dominance, on remarque que les bonobos sont moins violents, et que la variabilité de corpulence est moins marquée chez ces derniers que chez le chimpanzé. Or, la corpulence est importante dans la nature. Chez les espèces les moins évoluées, elle permet d'emporter le combat, et chez les espèces qui le sont davantage – du moins jusqu'à un certain stade - elle permet d'intimider l'adversaire.

Chimpanzés = taux de réceptivité faible = variabilité plus forte
Bonobos = taux de réceptivité fort = variabilité plus faible

Comme on peut le voir dans le tableau suivant, chez le bonobo (*Pan paniscus*), la variabilité de poids est en effet moins forte que chez le chimpanzé à *poils longs* de Gombe (*Pan schweinfurthii*), dont il se rapproche le plus géographiquement, anatomiquement – par sa plus grande gracilité – et même du point de vue alimentaire puisque la part de la chasse chez le chimpanzé à *poils longs* est moindre que chez le chimpanzé *blanc* par exemple.

	Poids des mâles (en kg)	Poids des femelles (en kg)
Chimpanzé poils longs	33 à 61 EV : 28	26 à 46 EV : 20
Bonobo	37 à 61 EV : 24	27 à 38 EV : 11

EV : étendue de la variabilité

Les chiffres sont tirés de l'étude de Jungers et Susman[59], sachant que la distinction habituelle entre les 3 ou 4 races de chimpanzés ne serait pas évidente, d'après Fischer *et al.*[60]. Les écarts de poids chez le chimpanzé seraient alors encore plus forts.

Partant de là (si on laisse de côté la maturité) pourquoi la variabilité est-elle plus marquée chez les chimpanzés que chez le bonobo ? Parce que l'égalité naturelle est élastique à la pression de sélection.

Élastique veut dire réactif, sensible. En économie, on parle d'élasticité de la demande et de l'offre. Quand par exemple le prix d'un bien augmente de x % et que la demande baisse de x % on dit que la demande est élastique au prix du bien : elle est réactive, elle baisse quand le prix augmente.

Cette notion d'élasticité est importante en économie, mais elle l'est aussi pour la question qui nous intéresse. La nature n'est qu'une économie d'un genre particulier, le premier de tous en fait chronologiquement, là où la demande – de ressources – et l'offre – du milieu – sont constituées par les espèces et le milieu abiotique. Et quand l'offre du milieu augmente – quand la pression de sélection baisse – la demande augmente en quantité et surtout en qualité, et l'inégalité baisse.

C'est ce que confirme l'exemple des chimpanzés et des bonobos. Les deux espèces se ressemblent sur beaucoup de points, mais chez le premier le taux de réceptivité sexuelle des femelles est de 5 %, et chez le second il est de 33 ou 50 %. L'accès aux femelles est

---

[59] *Body size and skeletal allometry in african apes, The Pygmy chimpanzee*, W. L. JUNGERS/R. L. SUSMAN (1984), page 143
[60] *Demographic history and genetic differentiation in apes*, A. FISCHER, B. NICKEL, S. PAABO, J. POLLACK, O. THALMANN (2006)

donc plus réduit chez le chimpanzé *poils longs* que chez le bonobo.

Chez le chimpanzé, la pression de sélection – à la reproduction – est donc plus forte que chez le bonobo. Il y a moins de places pour autant d'élus potentiels. Et l'inégalité biologique est plus marquée. Donc l'égalité naturelle a toutes les chances d'être inversement proportionnelle – élastique - à la pression de sélection globale.

Cela n'a rien de choquant. Darwin ne dit pas autre chose, quand il écrit page 207 que *les êtres placés aux degrés inférieurs de l'échelle de l'organisation sont plus variables que ceux qui en occupent le sommet*.

L'idée est confirmée aussi par l'étude de certains coléoptères : *Andersen et Nielssen (1983) ont décrit les variations de taille chez les Coléoptères en fonction de leur aliment et de leur mode de vie. Les espèces à larves libres ont en général des variations intraspécifiques de taille inférieures à celles des espèces à larves xylophages vivant dans les bois. Ces auteurs admettent que des variations importantes de taille caractérisent les espèces qui ne peuvent pas choisir leur alimentation*[61]. Des espèces qui vivent dans un environnement plus hostile donc, où la pression de sélection est plus forte.

Cette idée est confirmée également au niveau interspécifique : quand la pression augmente, c'est-à-dire quand deux ou plusieurs espèces sont contraintes de cohabiter, les variations a priori avantageuses sont plus marquées que lorsqu'elles sont isolées. C'est le cas par exemple des pinsons des Galapagos, dont les variations de la taille du bec sont plus marquées quand deux espèces

---
[61] *Précis d'écologie*, R. DAJOZ (2006), page 254

se disputent les ressources[62].

C'est ce que dit aussi Claude Henry, lorsqu'il écrit que des tortues marines *ont probablement évolué sous la contrainte d'une haute imprévisibilité du milieu de ponte, qui conduit à de grandes variations du succès de la reproduction mesuré peu après l'éclosion*[63].

C'est ce que dit également Gilders : *On a remarqué qu'aux sites de Bossou en Guinée et de Taï en Côte-d'Ivoire les chimpanzés semblaient former des sociétés plus égalitaires [...] La grande productivité de la forêt humide contribue peut-être à amoindrir la compétition entre les individus, ce qui permet l'établissement de relations plus étroites entre les femelles et rend moins nécessaires les alliances de coopération entre mâles pour la défense du territoire*[64].

C'est ce que dit enfin l'étude de Pusey *et al.* sur les chimpanzés de Gombe puisqu'il y est mentionné que les individus dominants connaissent des variations de poids moins fortes que les autres lorsque les ressources baissent[65] : quand la pression de sélection augmente, les écarts de poids ont tendance à être plus importants et la variabilité phénotypique plus forte.

L'inégalité semble donc baisser proportionnellement à la pression de sélection du milieu. Et donc avec le degré d'évolution. Car si l'espèce est évoluée, elle est plus adaptée à son milieu : la pression de sélection qu'elle supporte est moins forte.

---

62 Ibid. pages 239-244
63 *Biologie des populations animales et végétales*, C. HENRY (2001), page 487 dans un passage consacré justement à l'élasticité et la pression de sélection
64 GILDERS précitée pages 35-36
65 *Influence of ecological and social factors on body mass of wild chimpanzees. International Journal of Primatology*, J. GOODALL, GW. OEHLERT, AE. PUSEY et JM WILLIAMS, (2005) pages 3-31

Pourquoi alors l'égalité biologique est-elle élastique à la pression de sélection ? Parce que, dans tout système réel équilibré, la demande baisse quand l'offre baisse et les prix augmentent. Ici dans la nature, si l'offre – les ressources – sont insuffisantes pour couvrir tous les besoins, le prix des ressources – la pression de sélection – augmente, la demande n'est satisfaite que partiellement, et les individus doivent se battre pour accéder aux ressources en question.

Or, si les individus se battent, et que l'inégalité naturelle est trop faible, le combat risque d'être trop long et trop risqué pour les parties en cause. Il faut, quand l'offre est insuffisante – quand la pression de sélection est forte – que l'égalité naturelle soit plus faible, sinon tout le monde risque de combattre et de tuer tout le monde (c'est peut-être ce qui est arrivé à d'autres groupes proches du chimpanzé).

A l'inverse, quand la pression de sélection est faible, l'inégalité naturelle ne sert à rien, la demande peut être satisfaite comme il faut et il n'y a plus besoin de combats. L'inégalité naturelle structure d'une certaine manière les rapports sociaux quand la pression du milieu est forte, et devient négative quand la pression diminue.

Dans le cas des chimpanzés *poils longs* par exemple, comme tout le monde ne peut pas avoir accès aux femelles – puisque le taux de réceptivité est faible – les mâles doivent se battre pour y avoir accès. Et pour qu'il y ait un vainqueur et que cela se fasse sans trop de violence, pour ne pas trop augmenter le taux de mortalité et remettre en cause la survie de l'espèce, il faut qu'il y en ait qui soient plus forts et notamment plus corpulents que les autres.

A l'inverse, le taux de réceptivité des femelles

bonobos a dû augmenter parce que le milieu et les ressources se sont, à un moment donné, améliorés, et l'augmentation du taux de réceptivité à son tour a diminué les possibilités de monopolisation des femelles. La courbe d'inégalité s'est aplatie, et l'agressivité a diminué. Le taux de réceptivité n'augmente que si la pression de sélection globale le permet.

Notons toutefois que le taux de réceptivité des femelles n'est pas le déterminant exclusif de la variabilité. Chez le chimpanzé à poils longs par exemple, les poids varient beaucoup en fonction des ressources disponibles, et le poids détermine plus la dominance des femelles que des mâles, qui misent davantage sur les alliances[66]. Cela peut s'expliquer assez facilement : le chimpanzé est une espèce déjà évoluée et cérébralisée, où la valeur sélective s'exprime pour une bonne part dans les capacités mentales et sociales. L'inégalité sexuelle, qui pour le coup est déterminée comme nous allons le voir par le taux de réceptivité, faible en l'occurrence chez les femelles chimpanzés, explique peut-être pourquoi chez ces dernières la corpulence joue un plus grand rôle, alors que la variabilité y est moins forte que chez les mâles.

---

[66] Ibid.

9. *Valeur sélective*

La *valeur sélective* est constituée de deux taux : le *taux de survie* et *le taux de fécondité*.

1. Le taux de survie est constitué de 2 taux, le *taux non expostion aux dangers* et le *taux de non-exclusion des ressources.*

Les dangers et les ressources sont à la fois abiotiques et biotiques, et les taux indicatifs. On ne peut pas en effet déterminer précisément l'exposition aux dangers – ou la dangerosité d'un milieu – pour chacun des individus, mais a contrario cela permet d'avoir une idée du taux d'individus qui ont un abri et qui ne sont pas la proie des prédateurs.

Idem pour le taux de non-exclusion des ressources. Le taux permet de dire à combien de ressources les individus ou l'espèce ont accès, et évidemment combien et comment certains y ont accès, relativement aux autres. Les deux taux – de prédation et de non-exclusion – sont liés, et moins un individu ou une espèce dépensent d'énergie pour ne pas mourir, et plus ils en ont pour se nourrir, se reposer etc.

2. Le taux fécondité est constitué de deux taux :
A/ Le *taux de non-exclusivité sexuelle,* constitué des :

- *taux de réceptivité sexuelle des femelles*, qui correspond comme son nom l'indique à la durée pendant laquelle la femelle accepte de s'accoupler avec le mâle. Il peut être soit partiel – mensuel par exemple – soit total – calculé sur

la totalité de la vie adulte de la femelle, et soit individuel, soit rapporté au nombre total de femelles.
- *taux de monosexualité,* qui est relatif, puisqu'il y a différents degrés de monosexualité. Les mâles monosexuels peuvent ne l'être que pendant la période du rut : autrement dit un mâle monosexuel peut s'accoupler avec une seule femelle pendant la période d'œstrus, mais s'accoupler avec une autre partenaire unique pendant l'œstrus suivant etc. Le terme de monosexualité veut juste dire que le mâle ne monopolise pas plusieurs femelles. Évidemment, le stade ultime de la monosexualité c'est l'appariement pour la vie.

B/ Le *taux de fertilité* est constitué des :
- *taux de maturité*, qui consiste en la combinaison du nombre de gamètes - mâles ou femelles - et de la durée pendant laquelle l'individu produit les gamètes en question : plus le mâle ou la femelle est mature tôt et l'est longtemps, et plus il ou elle produit des gamètes fertiles et plus le taux de maturité est élevé.
- *taux de natalité,* qui n'a rien à voir avec le taux de natalité tel qu'on l'entend habituellement : il est individuel, c'est la combinaison du nombre de reproductions et du nombre et de la qualité des zygotes produits par la femelle.

Tous ces taux concernent principalement les animaux sexués. Le mode de reproduction des végétaux est trop particulier pour qu'on puisse dire quels taux s'appliquent. Et les animaux hermaphrodites ou qui se reproduisent par clonage ne sont pas vraiment concernés.

Les taux de non-exposition aux dangers et de non-exclusion des ressources sont difficilement quantifiables sur le terrain. D'une manière générale, le calcul précis des taux reste problématique dans la nature.

La détermination précise du taux de fécondité par exemple est difficile, en particulier parce qu'il varie on l'a vu en fonction du taux de survie : moins les ressources sont abondantes et plus la reproduction est inhibée. Les taux ne sont donc jamais fixes, mais plutôt compris dans une fourchette.

La valeur sélective et tous les taux qui la constituent peuvent cependant s'organiser selon le schéma de la page 60, qui peut se lire de manière chronologique, du haut vers le bas : les individus doivent d'abord ne pas succomber aux dangers, puis doivent se désaltérer et se nourrir, puis les femelles doivent être réceptives, les mâles doivent plus ou moins en monopoliser l'accès, le mâle et la femelle doivent s'accoupler, les femelles doivent mettre bas et protéger leurs petits etc.

La richesse abiotique détermine également la richesse biotique et inversement : la pluie par exemple est propice à la végétation, et la végétation en retour a des effets sur le climat etc. Les taux de maturité et de natalité sont aussi corrélés : plus la femelle par exemple est mature, et plus elle l'est tôt, longtemps, et plus elle produit de gamètes, et plus le nombre de reproductions et de zygotes viables a des chances d'être élevé etc.

Les taux de réceptivité et de monosexualité sont liés : plus la période de réceptivité des femelles est longue, et moins les mâles monopolisent de femelles.

La *valeur sélective*

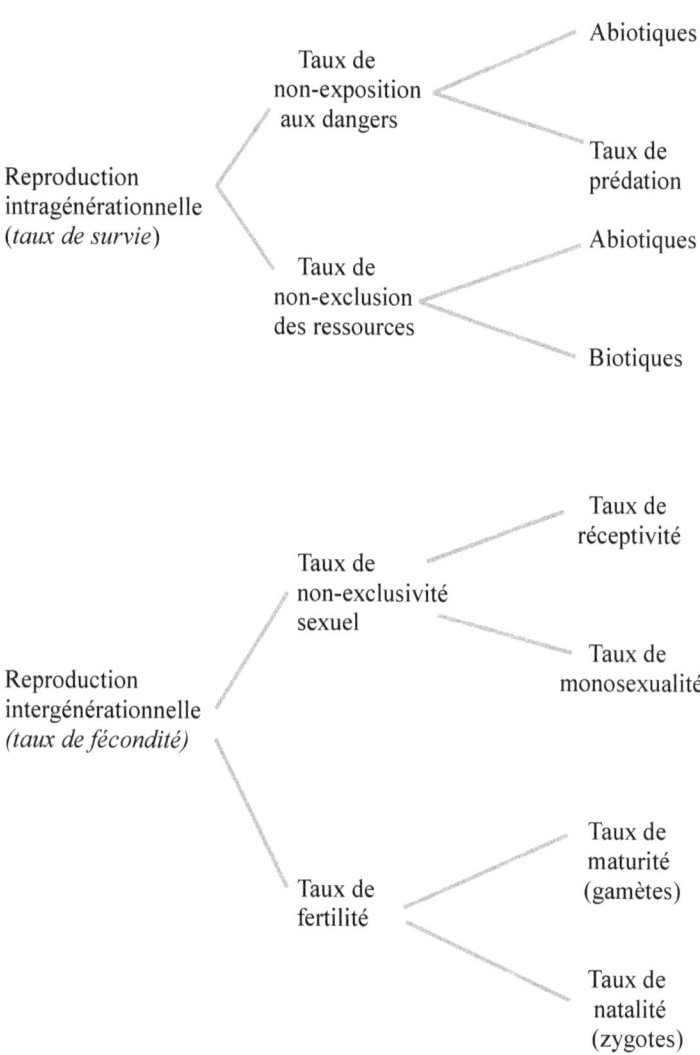

Les mâles ne monopolisent en effet les femelles qu'autant qu'ils le peuvent : la monopolisation, et notamment les combats, le marquage du territoire, les parades sexuelles et la surveillance des femelles demandent beaucoup de temps et d'efforts. Et plus le taux de réceptivité est important, et plus la dépense énergétique est importante. Plus les femelles sont réceptives sexuellement et le sont longtemps : moins les mâles en ferment l'accès aux autres : plus ils sont monosexuels : plus ils restent avec un nombre restreint de femelles, voire avec une seule femelle, la seule qu'ils peuvent surveiller, aider, protéger et monopoliser.

D'une manière générale, tous les taux sont liés. Et plus le taux de survie est élevé, et plus le taux de fécondité peut l'être. Plus les taux de non-exposition et de non-exclusion sont élevés, et moins les individus meurent et plus ils ont accès à des ressources importantes, et plus le taux de réceptivité des femelles peut être élevé, plus les mâles peuvent être monosexuels, plus ils aident la femelle, et plus la femelle s'accouple, plus elle produit de gamètes, plus ses descendants sont nombreux et en bonne santé, et plus le taux de non-létalité est faible etc.

Les taux de fécondité notamment sont très importants. Beaucoup de choses s'expliquent par les taux de fertilité et de non-exclusivité des femelles, et notamment la distinction entre les stratégies *K* et *r* - voir chapitre 3 - et les *caractères sexuels secondaires*.

Selon le taux de fertilité, les espèces sont en effet soit des stratèges soit *K*, soit *r*. Les stratèges *K* misent sur la viabilité des individus, car ils réussissent à augmenter suffisamment leurs taux de non-exposition et de non-exclusion pour ne pas avoir besoin de les compenser par un taux de fécondité plus important. Les stratèges *K* d'une certaine manière misent sur la qualité des individus, pas la quantité.

L'autre grande loi, c'est on l'a dit la corrélation entre les taux de réceptivité et de monosexualité. Or, plus le taux de monosexualité est faible, et plus les caractères sexuels secondaires mâles sont marqués, plus l'inégalité – inter et intrasexuelle – est importante. C'est ce que nous disions tout à l'heure : plus les taux de réceptivité et de monosexualité sont faibles, et plus l'inégalité est forte, et en l'occurrence plus le dimorphisme sexuel est marqué.

On observe en effet chez les animaux que le dimorphisme sexuel – et notamment l'inégalité entre les sexes - est plus marqué chez certaines espèces que chez d'autres. Et je m'en rapporte ici aux nombreux ouvrages qui traitent de cette question, et notamment au livre codirigé par Picq et Coppens. Cette différence s'explique par les taux de réceptivité et de monosexualité. Plus les femelles sont réceptives et plus les mâles sont monosexuels, et moins l'inégalité sexuelle est marquée.

C'est ce que confirme là encore les données disponibles. Le système décrit dans le schéma précédent est pleinement confirmé par l'observation des espèces. Le gibbon par exemple est monosexuel, le plus qu'il puisse l'être en fait puisque le mâle et la femelle s'apparient pour la vie, et la différence entre les deux est imperceptible : le mâle n'a pas *caractère sexuel secondaire* apparent, ni la femelle d'ailleurs.

Les caractères sexuels secondaires, ce sont ceux qui ne sont pas primordiaux dans la reproduction, mais qui ont un rôle tout de même dans cette reproduction. Il s'agit des caractères physiques et des ornements dont se pare l'individu – le mâle le plus souvent – pour séduire sa partenaire. Il peut s'agir des bois chez certains cervidés, de la crinière chez le lion, de la couleur du plumage chez certains oiseaux et évidemment de la corpulence. Or, tous ces caractères sont inversement proportionnels au taux de monosexualité : plus les mâles sont monosexuels, et moins les caractères sont marqués – du moins jusqu'à un certain stade.

Certains mâles sont donc plus forts et plus beaux que les autres, mais en dehors du fait qu'ils sont plus matures, ils sont aussi moins monosexuels que les mâles des autres espèces. Les cerfs par exemple sont polysexuels, et ceux qui monopolisent les femelles ont un marquage du territoire plus fort et un brame plus puissant. Chez le renne, le mâle et la femelle disposent de bois, mais les mâles sont presque deux fois plus corpulents que les femelles, et pendant la période du rut ils se battent entre eux pour obtenir un « harem ».

Chez certaines espèces, l'inégalité entre les deux sexes peut même prendre des proportions énormes. Chez les otaries par exemple, le mâle peut atteindre jusqu'à 5 fois le poids de la femelle.

Chez les primates, le dimorphisme sexuel est parfois moins prononcé, mais chez certaines espèces il reste très important, proportionnellement au degré de monopolisation des femelles et de concurrence entre les mâles.

Chez les gorilles, les babouins hamadryas et l'orang-outang par exemple, le dimorphisme de masse corporelle est prononcé, et chez les bonobos il est plus faible (s'il est plus fort qu'on pourrait le croire, c'est sans doute parce que le développement cérébral compense pour une bonne part la valeur sélective de la simple corpulence).

On notera toutefois que chez les oiseaux, comme la mère ne porte ni n'allaite les petits, le mâle peut aider à la protection des oisillons. C'est pourquoi beaucoup d'espèces d'oiseaux sont monosexuelles, alors que le taux de réceptivité des femelles est faible.

Par contre, la corrélation entre le taux de monosexualité et le dimorphisme sexuel joue toujours. Chez les paradisiers par exemple, la livrée est bariolée chez les mâles polysexuels, et chez les espèces plus monosexuelles, les couples sont fidèles et le plumage est indifférencié.

La relation simple entre les taux de réceptivité et de monosexualité n'est déterminante que quand tout est égal par ailleurs. Le taux de réceptivité est lié aux autres taux de la *valeur sélective*, comme celui de non-exposition et de non-exclusion, et chez les espèces où l'appariement permet de les augmenter, le taux de monosexualité peut augmenter sans que la réceptivité suive directement.

Quand l'aide à la protection des petits devient moins nécessaire, le taux de réceptivité joue alors pleinement son rôle de déterminant du taux de monosexualité et d'égalité ou d'inégalité, du moins là aussi jusqu'à un certain stade.

Tous les taux sont liés, et font partie d'un tout : la valeur sélective, qu'il faut mettre en relation avec la pression de sélection. On a vu que chez le bonobo un milieu relativement peu hostile et un taux de réceptivité fort diminuait la pression de sélection, et par conséquent la violence et l'inégalité physique.

On comprend qu'un faible taux de prédation, l'accès à des ressources stables et variées, des moyens de protection et des abris adaptés, une anticipation des différents dangers (qui est perceptible déjà chez des espèces comme les éléphants), une réceptivité et une sexualité non exclusivement reproductive et des soins parentaux et sociaux évolués doivent diminuer la pression de sélection et l'inégalité de façon très importante. Ce qui nous amène à dire quelques mots de l'évolution humaine.

CONCLUSION

Tout vient du Temps du Rêve. C'est ainsi que commencent en général les mythes aborigènes australiens.

Les Aborigènes conçoivent en effet le monde comme découlant d'un temps mythique primordial – le Temps du Rêve – peuplé d'êtres indifférenciés et fantastiques qui, au fur et à mesure de leurs actions, modèlent et différencient les choses.

Le temps et le monde seraient ainsi conçus comme une différenciation croissante, une sorte d'évolution qui aboutirait petit à petit à l'existence telle que nous la connaissons.

La mythologie australienne est donc sur le principe assez proche de la façon dont se sont passées les choses. Les mythes de l'époque originelle du Temps du Rêve et l'évolution telle qu'elle s'est vraiment appliquée aux espèces décrivent à peu près le même mécanisme : une différenciation croissante. Même si évidemment les choses ne se sont pas exactement passées comme les mythes australiens le racontent : les êtres du Temps du Rêve aborigène sont imaginaires, et reflètent la réalité de leur temps.

Mais sur la forme, les espèces qui peuplaient la Terre il y a des millions d'années, et qui la peuplent encore pour certaines, ne sont pas beaucoup plus exubérantes que les êtres originels du Temps du Rêve[67].

---

[67] Pour une mise en perspective évolutionniste des sociétés humaines, voir Alain Testart, *Le communisme primitif* (1985) et *Avant l'Histoire* (2012). Précisons que le mode de production de type aborigène décrit par Alain Testart, qui a aussi été le nôtre pendant des milliers d'années, si l'on en croit les fresques ornées jusqu'à – 12 000 ans environ, et la persistance de certaines

Cela étant, nous pouvons nous faire une idée plus précise de ce qu'a vraiment pu être l'évolution des 10 derniers millions d'années. On espère d'ailleurs que le lecteur aura de lui-même fait les parallèles qui s'imposent. On ne peut pas ici être exhaustif, mais on peut retenir deux choses essentielles :

1. La première c'est que la sélection naturelle – conservatrice et spéciatrice - peut être le volant de l'évolution, mais cela ne veut pas dire que cela se traduit par une variabilité et donc une inégalité génétique marquée au niveau des cohortes – les générations nées en même temps – ou même au niveau des générations qui vivent ensemble.

La sélection naturelle – et la concurrence vitale - agit sur le long terme (700 000 ans par exemple pour les drosophiles de Hawaï), quitte à s'accélérer entre un plancher et un plafond de pression de sélection, lors d'une migration ou d'un bouleversement écologique – différent de celui qu'ont connu les dinosaures.

Gradualisme ou *équilibres ponctués*, *effet de goulot* ou *migrateur*, à la rigueur peu importe. Le principe est le même : la sélection est relativement imperceptible au niveau des individus qui vivent ensemble. Elle intervient quand le reste ne suffit pas : après la plasticité comportementale, l'inhibition de la fécondité, les loteries

---

croyances, n'a peut-être pas été le premier mode de vie de nos ancêtres : la complexité des imbrications économiques et idéologiques de type aborigène n'ont pu apparaître tout à coup, avec l'avènement de l'homme moderne il y a 100 000 ans. Il a sans doute fallu un certain temps pour que tout cela se mette en place. Les fresques ornées, qui témoignent d'une prégnance idéologique et religieuse de type aborigène, partout dans le monde et notamment en Europe, n'apparaissent qu'il y a environ 40 000 ans. Ce qui laisse penser que l'intuition de Rousseau, sur l'existence de deux états de nature successifs, était bonne.

de mortalité gamétique, zygotique et juvénile (hors sélection conservatrice), la maturité, les variations phénotypiques et toutes les formes de mutualités que connaissent les sociétés animales, surtout quand on remonte la chaîne de l'évolution.

2. Ce qui nous amène à la seconde idée, plus importante encore que la précédente, à savoir que même si on redonne à la sélection toute sa force, toute sa puissance - et il faut bien le faire - on voit que celle-ci aboutit dialectiquement à son contraire.

L'inégalité est élastique à la pression du milieu : plus la pression est faible, et plus la variabilité et l'inégalité sont faibles. Or, sans prétendre ici refaire toute l'histoire de l'évolution de ces 10 derniers millions d'années, on peut dire, sans trop s'avancer, qu'elle aboutit, avec l'avènement de l'homme moderne - il y a maintenant 100 000 ans - à une baisse de la pression de sélection très importante.

Si on extrapole le schéma de la page 62 à ce que nous savons des espèces pré-humaines, notre système permet en effet d'imaginer quelles ont pu être quelques-unes des grandes étapes de l'évolution des hominidés. Et nous renvoyons ici le lecteur à l'ouvrage codirigé par Picq et Coppens, pour voir notamment comment le buissonement de l'évolution pré-humaine a conduit à une baisse de l'inégalité sexuelle – et donc vraisemblablement à une hausse du taux de réceptivité des femelles pré-humaines – et à une augmentation progressive du volume cérébral, qui a permis à l'homme moderne de baisser au maximum la pression de sélection.

> *En le considérant, en un mot,*
> *tel qu'il a dû sortir des mains de la nature,*
> *je vois un animal moins fort que les uns,*
> *moins agile que les autres,*
> *mais, à tout prendre,*
> *organisé le plus avantageusement de tous*[68]

Rappelons que le temps de travail chez nos ancêtres chasseurs-cueilleurs nomades n'excède pas 4 heures par jour en moyenne[69]. Cela ne doit pas surprendre. La bipédie humaine permet de dépasser les frontières. Le régime omnivore procure nombre d'avantages, notamment depuis la domestication du feu. Les mains permettent de développer l'outillage et la technologie. Le langage articulé facilite la communication, et le cerveau permet de centraliser et d'accumuler les connaissances. Si chacun de ces caractères peut être partagé par quelques espèces, rares sont celles d'ailleurs qui les ont à un si haut niveau. Aucune ne les cumule tous à la fois.

Ces caractères ne constituent toutefois pas une fin en soi. On le voit aujourd'hui. Non content de pouvoir dépasser les frontières, l'homme en crée d'artificielles. Sous prétexte d'être omnivore, il consomme n'importe quoi, détruit la biodiversité et affame ses semblables. Le langage sert les idéologies et le mensonge, et la conscience humaine est bafouée.

Ce qui distingue l'homme n'est donc pas tellement le fait qu'il parte avec un gros avantage, qu'on prenne ces caractères séparément ou non. Ce n'est pas non plus le fait qu'il se soit libéré de la gangue

---

68 ROUSSEAU, *Discours sur l'inégalité* (1755)
69 *Âge de pierre, âge d'abondance*, M. SAHLINS (1976)

biologique. Certes les caractères décrits précédemment permettent de se dégager de l'emprise totale des contingences biologiques. Et ce de manière substantielle. Mais pas de s'en dégager totalement. Tous les caractères passent par un ADN, et par l'expression phénotypique de cet ADN, dans un environnement donné.

Ce qui distingue l'homme et la femme modernes des autres espèces, c'est une baisse de la pression de sélection sans précédent, sur tous les taux de la valeur sélective.

A partir du moment où le redressement du bassin des femelles pré-humaines par exemple a caché le signe de leur réceptivité, à savoir le renflement de la vulve comme chez les chimpanzés et les bonobos (qui n'était plus visible puisque passé entre les jambes), les pré-humains ont progressivement érotisé tout leur corps, avec la perte de la pilosité (dont on voit quelques prémices chez certaines femelles bonobos menstruées).

Parallèlement, avec la baisse de la pression de sélection, le taux de réceptivité a augmenté, l'homme et la femme se sont conjointement dotés de caractères sexuels secondaires (schématiquement voix grave et puissance physique pour l'homme, poitrine et douceur des formes pour la femme). Ce qui n'existe chez aucune autre espèce. Et ce qui est, surtout, le signe de l'égalité entre les deux sexes.

Une égalité qui ne s'exprime plus à travers la force pure, mais à travers les capacités mentales et sociales. Seul le capucin dispose en effet d'un volume cérébral comparable au nôtre. Mais il ne dispose pas, par contre, de l'intelligence de ses congénères, d'une intelligence collective, qui circule d'autant mieux que l'information n'est pas monopolisée ni parasitée par la violence.

En résumé la baisse de pression de sélection, qui commence à poindre et se développer chez certaines espèces, atteint logiquement son maximum avec l'avènement de l'homme moderne : l'inégalité a engendré dialectiquement son contraire. Pas l'égalité parfaite bien sûr, cette égalité n'existe pas même entre les jumeaux - phénotypiquement parlant – mais l'égalité maximale, telle qu'en fait l'inégalité devient imperceptible. Le propre de l'homme ne serait donc pas tellement pas l'outil, le rire et tout ce que tant d'auteurs ont essayé de décrire, mais bien l'égalité, telle que nous venons de la définir.

COMPLEMENTS

1/ L'apport de l'ethnologie

Les idées que nous avons développées tout au long de cet ouvrage sont confirmées au niveau archéologique et ethnologique, par l'étude des sociétés de chasseurs-cueilleurs nomades.

Disons pour simplifier qu'on peut distinguer deux grandes périodes dans l'histoire de l'Humanité primitive : une période qui va de – 100 000 ans au moins (apparition de l'homme moderne) à – 40 000, et l'autre qui va de 40 000 ans à – 13 000 environ.

Pour la première, on a peu de données archéologiques. On sait que l'Homme colonise tous les continents (si la théorie monogéniste est la bonne), mais globalement pour cette période il faut s'en rapporter aux fondamentaux biologiques.

Si on distingue cette période de la seconde, à partir de – 40 000, c'est parce qu'à partir de cette date (approximative) on voit apparaître sur toute la surface du globe des créations artistiques, notamment pariétales. Il semble qu'à partir de cette période, l'Humanité commence à prendre un chemin différent.

Comme l'a bien montré Alain Testart, il semble en effet qu'on puisse faire une analogie entre le mode de production de type Aborigène, et celui des chasseurs-cueilleurs nomades à partir de – 40 000, notamment en Europe. L'outillage et l'art pariétal européens (et l'universalité des croyances liées au sang) suggèrent en effet que le système économique et idéologique de nos ancêtres correspond de manière troublante à celui des Aborigènes (1).

Ce mode de production, Alain Testart l'appelle *communisme primitif*, en référence au découpage historique de Marx, et le définit en 1985 comme un système sans exploitation, d'appropriation collective :

> *non pas au sens d'une appropriation directe par la collectivité, mais parce que ce résultat est indirectement atteint au travers des interdits croisés sur l'autoconsommation* (2).

Par la suite Alain Testart affinera son analyse, et montrera que ce système complexe – où l'économie et le spirituel s'imbriquent – est déjà par certains aspects inégalitaire. La religion notamment – celle du *Temps du Rêve* - fait supporter aux jeunes et aux femmes des interdits et certaines formes de violence. Le plus gros rapport d'inégalité social que relève Alain Testart est peut-être le suivant :

> *Certains hommes (et je ne compare que des hommes d'âge comparable, d'âge mur) auront jusqu'à douze femmes, d'autres, aucune ou une seule [...] Un homme qui a douze femmes n'a pas besoin d'aller dans le bush chercher sa pitance, non seulement parce que ses épouses l'approvisionnent suffisamment en produits de cueillette, mais aussi parce qu'il est courtisé en tant que beau-père potentiel par de nombreux jeunes célibataires qui lui fournissent régulièrement de la viande fraîche : il peut se consacrer régulièrement aux choses de la religion, et possède souvent d'importants pouvoirs magiques ; c'est un homme influent et redouté* (3).

Certaines formes d'inégalités sont donc déjà perceptibles. Et pas des moindres. Notons toutefois qu'il n'y a aucune preuve de l'existence de ce système entre – 100 000 (ou - 200 000) et – 40 000, et que l'inégalité n'y dépasse pas un certain seuil, une certaine limite. Un rapport de 1 à 13 en gros, qui n'a rien à voir évidemment avec les sytèmes sociaux qui ont succédé, et les quelques 111 000 000 000 $ de Bill Gates par exemple.

Notons enfin que le temps de travail chez les chasseurs-cueilleurs nomades n'excède pas 4 heures par jour en moyenne (4). On peut en déduire que si dans le communisme primitif (et avant) il n'y a pas d'inégalité illimitée, ce n'est pas parce que les conditions de vie sont trop dures (un individu peut théoriquement travailler au-delà de 4 heures par jour pour le profit d'un autre) : c'est parce que le système dans son ensemble empêche la généralisation de l'asymétrie.

Surtout jusqu'à – 40 000, et beaucoup moins à partir de – 12 000.

(1) *Avant l'Histoire*, A. TESTART (2012), pages 254-323
(2) *Le communisme primitif,* A. TESTART (1985)
(3) *Avant l'Histoire* précité pages 221-222
(4) *Âge de pierre, âge d'abondance*, M. SAHLINS (1976)

2/ L'égalité homme / femme

L'espèce humaine est unique. Chez les animaux, en général, c'est le mâle qui développe à maturité les caractères sexuels secondaires, ceux qui servent à séduire la partenaire. Le lion par exemple a une crinière, le gorille a le dos argenté, le cerf a des bois, l'orang-outan a un disque facial, et chez la plupart des oiseaux c'est le mâle qui arbore un plumage coloré, quand les deux sexes sont différenciés : quand il y a ce qu'on appelle un dimorphisme sexuel.

Chez certaines espèces, ce dimorphisme sexuel peut même prendre des proportions énormes : chez les otaries par exemple, le mâle peut peser jusqu'à 5 fois le poids de la femelle. En général, cela est moins prononcé, mais la plupart du temps le mâle est plus corpulent que la femelle, sauf chez de rares espèces, comme la veuve noire.

En fait, moins la femelle est réceptive sexuellement, et plus le dimorphisme sexuel - l'inégalité sexuelle - est prononcée. La femelle chimpanzé par exemple est 6 à 10 fois moins réceptive que la femelle bonobo, et l'inégalité de corpulence entre les sexes est beaucoup plus prononcée chez les chimpanzés que chez le bonobo. Or, la corpulence est importante, voire primordiale dans la nature, car elle permet d'intimider l'adversaire, sinon d'emporter le combat. Du moins évidemment jusqu'à un certain degré d'évolution, c'est-à-dire tant que la matière, la force pure, prime sur l'intelligence et l'esprit.

On remarque également que moins la femelle d'une espèce est réceptive, et moins elle est monogame, monosexuelle devrait-on dire, le suffixe – gamie ayant une connotation trop humaine. Or moins elle est monosexuelle, et plus le dimorphisme est prononcé. Toutes choses égales par ailleurs évidemment : chez les oiseaux par exemple, comme la mère ne porte ni n'allaite les petits, certaines espèces peuvent être assez monosexuelles, alors que le taux de réceptivité de la femelle est faible ; mais dans le même temps, la corrélation entre le taux de monosexualité et le dimorphisme sexuel joue toujours : chez les paradisiers par exemple – qui comptent plusieurs espèces - la livrée est bariolée chez les mâles polysexuelles, et plus l'espèce est monosexuelle, et plus le plumage est indifférencié. Tout cela pour dire que, dans l'espèce humaine, et chacun aura fait les parallèles qui s'imposent, les choses sont tout à fait différentes, uniques même : ce n'est pas l'homme, ni la femme seule qui dispose de caractères sexuels secondaires, c'est les deux : l'homme et la femme ont autant de caractères de séduction l'un que l'autre. Ce qui n'existe nulle part ailleurs.

Évidemment, l'homme est plus corpulent que la femme. Mais la femme a des formes plus arrondies. Du strict point de vue de la séduction, les choses sont juste différentes, complémentaires. D'un point de vue moins sexuel, la plus grande force de l'homme ne lui sert évidemment à rien : le degré d'évolution et de cérébralisation atteint par l'espèce humaine porte à un niveau inégalé le rôle de l'esprit sur le corps. L'homme et la femme ont autant de caractères sexuels secondaires l'un que l'autre, et les mêmes facultés : ils ont le même coefficient de cérébralisation, le même rapport poids/cerveau. A vrai dire, il n'y a, dans la nature, aucune autre espèce où les deux sexes sont à la fois si diamétralement opposés – physiquement et mentalement - et totalement égaux.

3/ L'égalité des races humaines

Les noms de Gobineau et H. S. Chamberlain ne vous disent peut-être rien, mais ce sont quelques-uns des théoriciens qui ont voulu donner une base scientifique au racisme, et qui ont inspiré Hitler. Bien sûr, dès l'Antiquité les préjugés racistes sont courants. Mais c'est avec les écrits de ces derniers – et d'autres choses encore qu'il est inutile de rappeler ici - que les choses ont pris une tournure différente.

Pour faire simple les racistes – qu'ils soient théoriciens ou non d'ailleurs - partent de deux postulats : 1. Il existe différentes races humaines. Et 2. Il y a une inégalité naturelle entre ces races. Ensuite, ils prennent ici et là quelques faits historiques isolés, et ils en tirent les généralités qu'on sait.

Je ne reviendrai pas sur le premier point, sur l'existence des races humaines (1). Pour ma part, je pense que le terme de « race » est inadapté à l'espèce humaine. Il l'est peut-être déjà pour les variétés de chimpanzés, mais je crois que pour l'Homme c'est encore plus vrai. Il n'y a qu'à regarder l'extrême diversité de peuples, de nations et d'ethnies qui couvrent la surface du globe, pour voir que les distinctions habituelles entre les races – par exemple noir/blanc/jaune – sont simplistes et inadaptées. D'un autre côté, du fait même de cette diversité, personne ne peut nier qu'il y a des différences justement. Et plutôt de les éluder, de faire comme si elle n'existaient pas, je propose de les prendre comme telles, et de passer au second postulat des racistes, le plus important évidemment.

Les racistes constatent l'inégalité de développement entre les sociétés, et comme en général ils ne prennent pas la peine d'en analyser les causes, ils en concluent hâtivement que tout cela doit avoir une origine, et que cette origine est naturelle.

On remarquera au passage que les critères qu'ils utilisent pour juger du plus ou moins grand degré de développement sont souvent arbitraires et ethnocentriques : l'indice de développement humain, le respect de l'écologie, les taux de criminalité, de morbidité, de suicide, de sinistralité et bien sûr d'inégalité sociale ne font évidemment pas partie de leur grille de lecture.

La religion et les mœurs – notion arbitraire s'il en est – et surtout le degré de technologie – et la puissance de conquête – sont en général les critères qu'ils utilisent pour parer leur littérature de toutes les vertus historiques et scientifiques possibles. Les idéologues nazis par exemple revendiquaient quelques faits antiques, comme Rome luttant contre Carthage, ou Alexandre voulant unir la Grèce et la Perse. C'est de cette question du degré de technologie que nous allons discuter.

Ce qui va suivre est tiré pour une bonne part de l'ouvrage de Jared Diamond (2), qui a reçu le prix Pullitzer en 1998, mais qui curieusement reste méconnu du grand public, alors même qu'aucune objection sérieuse n'a été émise à son égard. Au moment où l'on constate une résurgence des idées racistes et une montée de l'extrême droite, on se demande ce que les médias et l'Éducation nationale attendent pour vulgariser ce type de découvertes et de publications. Ne voyant pas les choses aller dans le bons sens, nous prenons donc le parti de le faire nous-mêmes, à notre niveau.

Mais commençons. A l'origine, c'est-à-dire il y a au moins 100 000 ans, avec l'apparition de l'espèce humaine moderne, les hommes sont chasseurs-cueilleurs nomades. Tous, sans exception. Et vont le rester pendant 80 000 ans. Difficile en quelques lignes de décrire le mode de vie de nos ancêtres de l'époque, d'autant que le mode en question couvre la période la plus longue de l'histoire de l'humanité, mais on peut donner quelques éléments :

- Le temps de travail n'excède pas 4 heures par jour en moyenne (3).
- Il n'y a pas d'inégalité illimitée (4).
- La vie culturelle et religieuse est très intense, comme en témoignent, d'un point de vue archéologique, les œuvres d'art qui ont traversé le temps, et en termes d'analyse comparée, la complexité des mythes et des croyances

aborigènes (5)
- La plupart des pathologies actuelles ne semblent pas présentes : pas de caries, de cancers ni d'épidémies notamment (6).

A partir de – 20 000, l'arc et les flèches commencent à apparaître, mais ne se propagent qu'après -12 000, sur tous les continents, sauf en Australie. Cette particularité australienne peut s'expliquer de deux façons : 1. L'Australie est un continent qui, en plus d'être relativement hostile, est isolé. J'en veux pour preuve le fait que les Européens ont mis 100 ans de plus pour l'explorer que l'Amérique. Et 2. Les Aborigènes ne consomment aucune drogue, aucun modificateur de conscience.

Avec l'arc et les flèches, les tribus sont encore nomades, mais déjà pas mal de choses changent. La chasse, qui tournait essentiellement autour des battues collectives, devient plus individuelle, et les rapports sociaux ancestraux se trouvent bouleversés. En fait, tout commence à changer de face, comme en témoignent les premières preuves archéologiques de violence, et les mutations voire même presque le vide artistique – en quantité voire en qualité - après le paléolithique supérieur, où les grandes fresques ornées laissent place à un éparpillement de signes beaucoup plus abstraits (taper *art mésolithique* sur internet pour voir la différence avec *art paléolithique*).

Çà n'est que peu de temps après, à l'échelle des temps climatiques, que quelques inégalités commencent à se faire sentir entre les sociétés. Comme l'a bien montré Alain Testart (7), certaines sociétés commencent en effet à stocker en masse les ressources saisonnières et à se sédentariser, à partir de - 12 000. Ce sont encore des peuples de chasseurs-cueilleurs, mais sédentaires. Et ce sont les seuls à l'être : parce qu'ils le peuvent, parce que leurs dotations écologiques – leur environnement – le leur permettent.

A quelques exceptions près, les sociétés de chasseurs-cueilleurs pratiquant le stockage sont pour l'essentiel situées au-delà de l'isotherme de 20° en été, sachant que le climat n'a pas vraiment changé depuis la dernière période glaciaire.

Le fait que les ressources stockées soient saisonnières exclut en effet – outre les déserts bien sûr - les régions tropicales, du fait de l'absence de saisons : le stockage y est difficile voire impossible – pour des économies de chasse-cueillette - du fait de la nature des ressources autochtones, et de la température et de l'humidité ambiantes. Dans ces régions, il n'y a pas de stockeurs primitifs, à deux exceptions près : les Warao du delta de l'Orénoque, qui peuvent stocker le palmier mouche, et certains néo-guinéens, qui stockent le palmier sagoutier.

Entre les lignes tropicales et l'isotherme de 20°, les sociétés à stockage sont également rares. Les ressources sont saisonnières, mais il fait souvent trop chaud pour que beaucoup de ressources animales ou halieutiques – venant de la mer - puissent être conservées. Dans ces régions, le stockage concerne donc essentiellement les ressources végétales, quand elles sont suffisamment abondantes et exploitables. Les rares cas recensés par l'ethnologie et surtout l'archéologie sont d'ailleurs incertains, à deux exceptions près là encore : au nord des Balkans, et bien sûr le Croissant Fertile.

Le stockage de masse permet à certaines tribus de

se sédentariser, quand leurs dotations écologiques et leur situation climatique sont favorables. Mais en même temps, la densité démographique augmente – passant de 0, 4 hab/km2 à jusqu'à 8 hab/km2 – et l'inégalité sociale aussi, comme chez les Kwakiutl, par le truchement des potlatchs, ces énormes cérémonies inter-claniques où celui qui donne le plus acquiert du prestige, et s'accapare les richesses au nom du clan. On peut penser que quelques formes d'esclavage apparaissent aussi, et que les guerres et les conflits se multiplient. Tout est en place pour l'étape suivante : l'agriculture.

Disons-le d'entrée, les Européens n'ont pas inventé l'agriculture. Ni la base des changements technologiques et idéologiques qui ont suivi. Plusieurs régions du monde connaissaient déjà l'agriculture – voire la métallurgie et certaines formes d'État - quand les Européens étaient encore des « sauvages ». La néolithisation de l'Europe s'est faite bien après, à partir du Croissant Fertile.

Il y a eu entre 4 et 9 foyers d'origine de l'agriculture. Mais là encore parce que les dotations écologiques de ces régions le permettaient, d'un point de vue climatique, et surtout du point de vue de la dotation initiale en espèces végétales et animales domesticables. Par exemple en Eurasie, seulement 18 % des espèces de mammifères « candidats » à la domestication ont été domestiquées. Voici les principales régions en question, avec leurs dotations biotiques : le Croissant Fertile, la Chine, le Sahel peut-être, la Mésoamérique, les Andes et l'Amazonie.

A partir de ces régions d'origine, l'agriculture s'est ensuite diffusée dans d'autres régions du monde, parfois avec des milliers d'années de retard. Si on compare par exemple le Croissant Fertile et le territoire actuel de l'Angleterre - qui est plus éloignée du Croissant que la France - cela donne les écarts suivants :

- Domestication des plantes et des animaux : Croissant Fertile - 8500 / Angleterre – 3500
- Poterie : Croissant Fertile - 7000 / Angleterre -3500
- Métallurgie : Croissant Fertile - 4000 / Angleterre – 2000
- État : Croissant Fertile - 3700 / Angleterre : 500 après J.C.
- Écriture : Croissant Fertile - 3200 / Angleterre : 43 après J.C.

Il est possible que la néolithisation et la civilisation de l'Europe se soient faites comme la conquête de l'Amérique s'est faite ensuite par les Européens : avec plus ou moins de violence. A cette différence près que les choses sont allées encore plus vite en Amérique. Pizarro - qui a vaincu les Incas - avait des armes en fer et à feu, des bateaux au long cours, des chevaux (domestiqués en Ukraine à partir de – 4000) et un système immunitaire qui avait évolué, au fil des siècles et des millénaires, pour faire face aux virus. Des virus qui sont apparus avec l'agriculture, c'est-à-dire avec la proximité avec les animaux, l'augmentation de la densité démographique et la pauvreté.

L'évolution que nous traçons bien sûr est un peu linéaire. Et il faudrait affiner notre analyse. Entre les différents centre d'origine d'agriculture, certains ont aussi été avantagés. L'association des espèces animales et végétales du Croissant Fertile par exemple - l'association blé/pois/mouton/vache - est beaucoup plus puissante que celles des cultures mésoaméricaines. Et donc plus propice à une auto-catalyse et un foisonnement technologiques.

Le plus ou moins grand isolement de certaines régions, par les montagnes, les forêts tropicales – américaines et africaines par exemple - et les mers notamment, a également joué un rôle important. De même que l'homogénéité climatique, la présence d'axes fluviaux et la stabilité sismique et volcanique.

Mais le principe reste le même. Et il est très simple. A partir du moment où les groupes humains ont adopté l'arc et les flèches, ils se sont toujours autant éloignés du mode de vie le plus primitif que leur environnement le leur permettait. Même si évidemment, tous ne sont pas passés par toutes les étapes.

La quasi totalité des chasseurs-cueilleurs du mésolithique européen par exemple ont été ou complètement évincés par les agriculteurs, ou sont devenus à plus ou moins long terme agriculteurs. Sans passer par la case « stockeurs », en tout cas d'espèces autochtones. De la même façon, d'autres peuples sont devenus horticulteurs, ou pasteurs. D'autres encore sont restés chasseurs-cueilleurs, comme en Amérique où le saumon et la cueillette de glands – il faut dix ans à un chêne pour donner - ne permettent pas une domestication rentable.

On remarquera enfin que, paradoxalement, les centres d'origine de l'agriculture – là où il y avait le plus d'espèces domesticables rentables – n'ont pas été, et ne sont toujours pas d'ailleurs pour certaines, les régions les plus fertiles en elles-mêmes, les plus favorables d'un point de vue géo-climatique.

En Europe, à ouvertures maritimes comparables,

la Grèce a dominé avant Rome, et Rome a dominé avant l'Espagne, puis le Portugal, la France et l'Angleterre, parce que du point de vue de la proximité avec le Croissant Fertile c'était logique.

Mais une fois que le processus était enclenché et qu'il s'est diffusé, ce sont les régions les plus avantagées, non pas en matière de présence d'espèces domesticables, mais du point de vue du climat, des sols et des matières premières, qui ont pu se développer plus vite que les autres. Le reste appartient, pour le pire et pour le meilleur, enfin surtout pour le pire à ce jour, à l'Histoire.

(1) voir notamment *Génétique des populations*, J.-L SERRE (2006), pages 24-27
(2) *Essai sur l'origine de l'inégalité parmi les sociétés*, J. DIAMOND (1998)
(3) *Âge de pierre, âge d'abondance*, M. SAHLINS (1976)
(4) *Le communisme primitif,* A. TESTART (1985)
(5) *Des dons et des dieux*, A. TESTART (2006)
(6) *Les maladies de l'homme préhistorique*, G. DELLUC
hwww.hominides.com/html/references/paleopathologie-paleolithique-0434.php
(7) *Les chasseurs-cueilleurs ou l'origine des inégalités*, A. TESTART (1982)

4/ L'égalité des races humaines (suite)

L'article qui suit est une réponse faite à une certaine Eugénie de Carolis.

Eugénie de Carolis écrit au début de son commentaire : *L'explication des différences raciales dans l'intelligence, aujourd'hui largement acceptée est que l'homme a évolué à partir de l'Afrique de l'Est équatorial.* Non : s'il y a un seul berceau de l'humanité, ce n'est pas forcément l'Afrique de l'Est équatorial mais peut-être le Proche Orient ou l'Afrique du Sud (1).

Madame de Carolis écrit ensuite : *Il y a environ 100.000 ans certains groupes ont émigré vers le nord, en Afrique du Nord, puis en Asie et en Europe. Ces groupes ont rencontré un environnement difficile dans lequel il n'y avait pas de plantes ou d'insectes pour se nourrir toute l'année, de sorte qu'ils ont dû chasser de grands animaux comme les mammouths pour obtenir leur nourriture.* C'est faux. L'expansion des premiers hommes modernes n'a pas entraîné une hausse de la pression de sélection. Çà serait même plutôt l'inverse. Car d'une part les passages d'un écosystème à un autre se sont faits progressivement, sur des milliers d'années. Et d'autre part quand les hommes modernes – chasseurs-cueilleurs-pêcheurs - arrivaient quelque part, les écosystèmes étaient vierges de toute intervention humaine, et donc beaucoup plus riches et giboyeux qu'avant l'expansion. Les animaux chassés ne connaissaient pas l'homme, et constituaient de fait une ressource plus facile et importante. Plusieurs espèces ont d'ailleurs disparu, sur tous les continents. La différence entre nos ancêtres et nous, c'est qu'ils utilisent – pour leurs besoins - tout ce qu'ils peuvent des animaux. Enfin rappelons que le temps de travail des chasseurs-cueilleurs n'a jamais excédé 4 heures par jour, même dans les régions les plus hostiles.

Ils ont également eu à se chauffer et donc ils ont dû apprendre à faire des vêtements et des abris. Le feu a été domestiqué il y a 500 000 ans, c'est-à-dire bien avant que les hommes modernes migrent. Les abris des chasseurs-cueilleurs du Nord sont un peu plus élaborés que ceux du Sud, mais ne demandent pas non plus un travail et une sélection acharnée.

Ces problèmes sont devenus beaucoup plus

grand durant la première époque glaciaire qui a commencé il y a environ -28.000 ans et a duré jusqu'il y a environ -11.000 ans. Oui enfin il y a eu des périodes plus chaudes, mais admettons. Les vêtements sont apparus il y a 100 000 ans, et l'aiguille à chas a été inventée il y a 20 000 ans. Les hommes n'ont pas migré vers les régions polaires avant.

Tous ces défis ont demandé une intelligence plus élevée. Pas plus élevés que pour des régions arides, désertiques, ou même tropicales où les dangers de prédation et d'empoisonnement sont plus élevés.

Seuls les plus intelligents ont été capables de survivre dans ces environnements difficiles alors que les moins intelligents ont péri. Donc les Fuégiens, les Inuits et les Aborigènes sont les peuples les plus intelligents de tous, puisque ce sont eux qui ont migré vers les régions les plus éloignées de l'Afrique et les plus hostiles ?

Un résultat visible est que la taille du cerveau en Europe et en Asie de l'Est a augmenté pour tenir compte de la plus grande intelligence nécessaire pour surmonter ces problèmes. Faux. 1. Parce que les problèmes – écologiques et sociaux - ont augmenté après, avec le stockage et l'agriculture - à partir de – 9000. Et aujourd'hui la taille de notre cerveau est plus petit que celui des premiers hommes modernes Et 2 : l'intelligence n'est pas que proportionnelle à la taille du cerveau. La communication entre les deux hémisphères et le nombre de connexions sont essentiels. Einstein par exemple avait un cerveau moins lourd que la moyenne, et il était peut-être dyslexique. Ce qui ne l'a pas empêché d'être ce qu'il est.

Le pelvis c'est également élargit pour permettre le passage d'un plus gros cerveau à la naissance. Çà faisait déjà longtemps que le pelvis s'était élargi. D'ailleurs, quand on voit la complexité de la mesure du pelvis, on se demande comment il peut y avoir une seule personne assez folle au monde pour croire – et faire croire – qu'on a mesuré, recensé et comparé les pelvis de toutes les femmes de toutes les ethnies du monde. Idem pour la taille du cerveau et les synapses.

Voyons les derniers arguments de Richard Lynn, qu'Eugénie de Carolis cite en référence. Pour Lynn il existerait une corrélation entre le revenu national brut par habitant et le quotient intellectuel moyen de la population.

Lynn interprète cette corrélation comme 1. une mise en évidence du fait que le quotient intellectuel serait un facteur important des différences en matière de richesse nationale et de taux de croissance économique. Et 2. la preuve de l'inégalité entre les races. La charlatanerie de la théorie est évidente :

1. Lynn se base sur à peu près 620 études de QI, pour 11 grands groupes humains et environ 813 000 personnes testées. Sur plus de 6 milliards d'êtres humains. Mais surtout il déconnecte les résultats obtenus de l'environnement dans lequel ont vécu les individus depuis leur naissance.

En gros, il fait passer pour génétiques des résultats qui sont la conséquence du génotype et des conditions de vie (la qualité de l'alimentation et de l'éducation notamment).

La supercherie va encore plus loin puisque, comme l'ont montré Hunt et Wittmann (2) les « Surinamiens » testés par exemple sont ceux qui ont migré aux Pays-Bas, les « Ethiopiens » ceux qui ont migré en

Israël, et les « Mexicains » ceux qui résident en Argentine etc.

D'ailleurs, comme le fait remarquer Nicholas Mackintosh (3), d'après les calculs de Lynn, les Bushmen obtiendraient un résultat de 54, et auraient donc le QI d'un enfant de 8 ans. Alors qu'ils vivent depuis des millénaires dans un des environnements les plus hostiles de la planète, le désert du Kalahari. Où Lynn ne survivrait pas trois jours.

2. L'autre critère de jugement de Lynn, le revenu national par habitant, est un critère peut-être encore plus fallacieux que le QI (même quand les chiffres sont honnêtes). Le RNH, comme le PIB, sont des instruments de mesure dépassés. Ils ne prennent en compte que la valeur marchande des choses. Pas tout ce qu'il y a à côté. Ce qu'on appelle les externalités. Les externalités positives, les richesses créées en dehors du marché et de la monnaie marchande : la production domestique et l'éducation notamment. Et les externalités négatives : la destruction de l'environnement, les trafics d'armes, de drogues et d'êtres humains, et tout ce qui nous gâche la vie, et que les économistes omettent souvent de mentionner.

Je pourrais noter aussi que le QI n'est pas la seule mesure de l'intelligence. Qu'il y a plusieurs sortes d'intelligence : logique, intuitive, émotionnelle, sociale et artistique... Je pourrais faire remarquer que les différences physiques entre les groupes humains n'ont aucune valeur sélective, et qu'ils sont juste des modes et des différences esthétiques apparues au gré des métissages et des migrations.

A quoi servent en effet du point de vue de la

survie des yeux bleus ou verts, les cheveux blonds de certains Aborigènes, le fessier proéminent des femmes Bushmen, l'absence de barbe chez les Amérindiens et la pigmentation des Inuits qui vivent dans le nord polaire depuis 20 000 ans ?

Je pourrais montrer enfin que la diversité de l'humanité fait sa richesse. Et garantit même sa survie, grâce à la diversité des systèmes immunitaires. Tous les visages d'un même homme, et d'une même femme. Mais je ne le ferai pas.

Les boiteux, dit Montaigne, sont mal propres aux exercices du corps, et aux exercices de l'esprit les âmes boiteuses. Comment et pourquoi certains boitent plus que d'autres, depuis 15 000 ans. La réponse est dans la question.

(1) www.slateafrique.com/767/nos-ancetres-bushmen
(2) *National intelligence and national prosperity. Intelligence* Vol. 36, 1, HUNT/WITTMANN (2008) Janvier-Février pages 1-9
(3) *Book review - Race differences in intelligence : An evolutionary hypothesis. Intelligence* Vol. 35, N. J. MACKINTOSH, pages 94–96

BIBLIOGRAPHIE

Âge de pierre, âge d'abondance, M. SAHLINS (1976)
Aux origines de l'humanité 1 et 2, Y. COPPENS, P. PICQ (2002)
Avant l'Histoire, A. TESTART (2012)
Biologie des populations animales et végétales, C. HENRY (2001)
Bonobos, le bonheur d'être singe, F. de WAAL, F. LANTING, J.-P. MOURLON (2001)
De l'inégalité parmi les sociétés, J. DIAMOND (2007)
Dictionnaire du darwinisme et de l'évolution, P. TORT (1996)
Écologie comportementale, E. DANCHIN, L.-A. GIRALDEAU, F. CEZILLY (2005)
Écologie générale : Structure et fonctionnement de la biosphère, R. BARBAULT (2008)
Écosystèmes : Structure, Fonctionnement, Évolution, S. FRONTIER, D. PICHOD-VIALE, A. LEPRETRE, D. DAVOULT, C. LUKZAK (2008)
Évolution, synthèse des faits et théorie, F. BRONDEX (2003)
Génétique des populations, J.-L SERRE (2006)
Grands singes, C. RUOSO, E, GRUNDMANN (2008)
Kaluchua : cultures, techniques et traditions des sociétés animales, M. de PRACONTAL (2010)
La sociobiologie, M. VEUILLE (1986)
Le communisme primitif, A. TESTART (1985)
Le comportement animal, L.-A. GIRALDEAU, F. DUBOIS (2009)
Le grand dauphin, J.-P. SYLVESTRE (2009)
Le loup : biologie, mœurs, mythologie, cohabitation, protection, J.-M. LANDRY (2006)
Le sanglier, P. ETIENNE (2003)
Les chasseurs-cueilleurs ou l'origine des inégalités, A. TESTART (1982)
Les sociétés animales, R. CHAUVIN (1999)
Les sociétés animales, J. GOLDBERG (1998)
Les sociétés animales : évolution de la coopération et organisation sociale, S. ARON, L. PASSERA (2008)
Le troisième chimpanzé, J. DIAMOND, M. BLANC (2011)
L'univers des singes, M. A. GILDERS (2000)
Précis d'écologie, R. DAJOZ (2006)

© 2020, David Guerlava

Edition : Edition : BoD - Books on Demand
12/14 rond-point des Champs Elysées, 75008 Paris
Impression : Books on Demand GmbH, Norderstedt, Allemagne
ISBN : 9782810613236
Dépôt légal : juillet 2020

www.ingramcontent.com/pod-product-compliance
Lightning Source LLC
Chambersburg PA
CBHW070309230526
45470CB00002B/795